2017山东黄河三角洲国家级自然保护区年度监测报告

山东黄河三角洲国家级自然保护区管理委员会 ■ 编著

中国林业出版社
CFPH China Forestry Publishing House

图书在版编目(CIP)数据

2017山东黄河三角洲国家级自然保护区年度监测报告 / 山东黄河三角洲国家级自然保护区管理委员会编著. -- 北京：中国林业出版社，2020.7
ISBN 978-7-5219-0684-4

Ⅰ. ①2… Ⅱ. ①山… Ⅲ. ①黄河－三角洲－自然保护区－环境监测－研究报告－山东－2017 Ⅳ. ①S759.992.52

中国版本图书馆CIP数据核字(2020)第124447号

中国林业出版社 · 自然保护分社（国家公园分社）

策划编辑 刘家玲

责任编辑 刘家玲　甄美子

出版发行 中国林业出版社
(100009 北京西城区德内大街刘海胡同 7 号)

网　　址 www.forestry.gov.cn/lycb.html

电　　话 (010) 83143519　83143616

印　　刷 北京中科印刷有限公司

版　　次 2020 年 9 月第 1 版

印　　次 2020 年 9 月第 1 次

开　　本 889mm × 1194mm　1/16

印　　张 7.5　　彩插　8P

字　　数 250 千字

定　　价 60.00 元

2017山东黄河三角洲国家级自然保护区年度监测报告

编委会

前言
Preface

山东黄河三角洲国家级自然保护区是生物多样性分布的重要地区，是珍稀野生生物的天然衍生地，其独特的地理位置和特殊生境为生物多样性的存在和发展提供了良好的环境条件。为了摸清自然资源日常动态、自然环境和自然资源现状、建区22年来自然资源的变化情况，为保护管理提供科技支撑，在山东省林业厅和山东省环境保护厅资金、政策等方面的大力支持下，自2014年开始，在吕卷章同志的主持下，先后开展了以水文、水质、气象、鸟类、植物等为主要内容的巡护监测；以植被、昆虫、土壤、大型底栖动物、浮游动植物为主要内容的本底调查等基础性研究；以生物多样性保护为主要内容的湿地生态系统保护与修复、以互花米草治理为主要内容的潮间带湿地恢复等应用性研究。巡护监测和本底调查工作有序开展，获得了大量宝贵的监测数据，形成了自然保护区的本底资料。应用研究进展顺利，湿地生态系统保护与修复取得突破，东方白鹳栖息地保护工程、黑嘴鸥栖息地改善工程、生态廊道工程三个试验成效显著，为珍稀鸟类提供了优良的生态空间，以东方白鹳、黑嘴鸥等为旗舰种的鸟类种类、数量均大幅度增加，以大型底栖动物为旗舰种类的水下生物得到有效保护和恢复，形成了以疏通水系促进水循环、构建多样化鸟类栖息地等为主要内容的黄河三角洲湿地保护与修复模式，对黄河三角洲地区乃至全国同类型湿地具有重要的示范作用和推广价值。互花米草在黄河三角洲滨海湿地的入侵机制、扩展动态及其防治措施研究已经展开，以互花米草治理、盐地碱蓬和海草床恢复为主要内容的潮间带湿地恢复研究，将探索出以互花米草治理为主要内容的潮间带湿地生态恢复模式，为黄河三角洲地区和环渤海地区乃至全国泥质海岸互花米草治理和潮间带湿地恢复提供样板。

本书在编写过程中，得到了山东省自然资源厅、山东省生态环境厅以及各个合作团队的大力支持和热情帮助，在各个团队帮助下，编委会成员及时归纳总结相关研究成果，编制本报告中的相应部分内容。在此，一并表示感谢！同时，也为在历次调查工作中作出贡献的领导和科技工作者表示感谢！

本书各章节撰写人员名单如下：

第一篇 综述：吕卷章、王伟华

第二篇 自然保护区环境监测

第一章 自然保护区生态多样性保护工程施工前土壤监测：朱书玉、王伟华、赵亚杰、许家磊、于海玲、杨长志、宋建彬、李艳、宋振峰、韩广轩、王光美、贺文君、宋维民、李培广、许延宁；

第二章 黄河三角洲湿地（陆域）水体初级生产力调查：王安东、路峰、张树岩、岳修鹏、吴立新、张希涛、王学民、冯光海、车纯广；

第三章 滨海滩涂湿地沉积物中多环芳烃含量调查报告：王安东、张固然、岳修鹏、杨长志、李艳、车纯广、毕正刚、吕丽、崔立军、王建步、任广波。

第三篇 自然保护区动物调查

第一章 鸟类调查：吕卷章、王安东、赵亚杰、王伟华、于海玲、张固然、张树岩、张希涛、车纯广、吴立新、冯光海、王学民、许加美、牛汝强、李寿君；

第二章 昆虫调查：王伟华、张树岩、岳修鹏、吴立新、宋建彬、张希涛、车纯广、崔立军、王建海、孙丽娟、顾耘、王思芳、张迎春、赵川德；

第三章 大型底栖动物调查：吕卷章、赵亚杰、张树岩、王安东、许家磊、王学民、牛汝强、车纯广、冯光海、李宝泉、陈琳琳、李晓静、周政权、杨东；

第四章 水生生物多样性调查：王安东、路峰、许家磊、张树岩、冯光海、车纯广、谭海涛、宋振峰；

第五章 两栖类调查：赵亚杰、王安东、王伟华、于海玲、李艳、吴霞。

第四篇 植物调查

第一章 2016—2017 年黄河口日本鳗草生态特征调查：王伟华、王安东、岳修鹏、周英锋、张希涛、谭海涛、李艳、葛海燕、周毅、张晓梅、王峰、徐少春、顾瑞婷、许帅、岳世栋；

第二章 互花米草在黄河三角洲滨海湿地的入侵机制、扩展动态及其防治措施研究：吕卷章、赵亚杰、王安东、王伟华、于海玲、许家磊、岳修鹏、张树岩、吴立新、冯光海、车纯广、毕正刚、付守强、谢宝华、韩广轩。

编委会

2020 年 4 月

目录

Contents

第一篇
综述

为了全面掌握山东黄河三角洲国家级自然保护区（简称“自然保护区”）的自然环境、自然资源及生态保护工程实施效果，自然保护区进行了巡护监测，与相关高校、科研院所合作开展专题研究，并将其结果每年对外发布。

土壤是地球陆地表面具有一定肥力能够生长植物的疏松表层。为了掌握自然保护区土壤基础数据，自然保护区与青岛农业大学崔德杰团队合作开展自然保护区土壤研究（2016 年 7 月至 2018 年 7 月），在自然保护区内自内陆向沿海方向布设 10 条采样带，取样点共计 70 个，在每个采样点按照土壤发生层采集土壤剖面样品，取样深度为 6 层，即 0～10cm、10～20cm、20～40cm、40～60cm、60～80cm、80～100cm，每层随机采集 3 份土壤混合，作为该采样点土壤的代表性样品。测定的内容包括，土壤剖面描述、土壤类型、质地、pH、盐分、土壤有机质、石油烃、土壤微生物量等 29 个指标。2017 年，在已采集样点土壤剖面和测定工作的基础上，还对大汶流管理站附近生物多样性提升工程区域，以网格布点法，进行了全面土壤调查。共设计采样点 157 个，每个样点采集 0～10cm 和 10～20cm 土样进行分析。分析指标包括含盐量、pH、总氮、总磷、铵态氮、硝态氮、速效磷等。

鸟类是脊椎动物中的一个大家族，种类繁多，形态各异。自然保护区内鸟类达 368 种，其中，国家一级保护鸟类 12 种，国家二级保护鸟类 51 种。为了掌握鸟类的种类、数量、分布的动态变化，自然保护区科研人员对鸟类开展了长期的调查监测和科学研究。2017 年，鸟类巡护监测共监测到鸟类 14 目 36 科 151 种，其中，鸻形目、雁形目鸟类种类最多，占比 37.1%、18.5%。黄渤海水鸟同步调查，主要对自然保护区近海滩涂区域的鸟类进行了调查统计，共监测到水鸟 86 种 47107 只。联合全国鸟类环志中心、安徽大学资源与环境工程学院开展了繁殖期黑嘴鸥和东方白鹳的调查工作。2017 年，黑嘴鸥繁殖种群数量 4626 只，2313 个巢，环志 27 只黑嘴鸥成鸟；繁殖东方白鹳 82 巢，育雏 248 只，较 2016 年增加 26.5%。2017—2018 年，越冬鹤类等水鸟调查共记录鸟类 30 种 168233 只，其中，白鹤 10 只、白头鹤 9 只、丹顶鹤 85 只、灰鹤 4319 只。

昆虫属于无脊椎动物中的节肢动物，是地球上数量最多的动物群体。为了掌握自然保护区昆虫资源的现状，对工作人员进行林业有害生物识别与防治等方面的培训，自然保护区与青岛农业大学顾耘团队合作开展自然保护区昆虫普查工作（2015 年 6 月至 2018 年 6 月），主要采用踏查、诱虫灯调查及引诱剂调查方法，调查总面积 1.4 万 hm^2，调查路线共 9 条，建设调查标准地 2 块，调查点 15 个，共采集、制作盒装标本 278 盒，完成了林业有害生物调查任务。2017 年，继以前的调查和鉴定工作，已在保护区调查到400余种昆虫，迄今已鉴定出354种，还有50余种昆虫需要鉴定。2017年，新鉴定的昆虫为29种。

大型底栖动物是湿地和海洋生态系统中重要的生物组分，在食物网的能量和物质循环中发挥重要作用，是滨海湿地鸟类尤其是珍稀濒危鸟类的主要食物来源。其生物多样性周期变化也能够客观地反映海洋环境的特点和环境质量状况，是生态系统健康的重要指示类群，常被用于监测人类活动或自然因素引起的长周期海洋生态系统变化。为了掌握自然保护区内大型底栖动物现状特别是物种数、生物量和丰度等时空分布情况，自然保护区与中国科学院烟台海岸带所李宝泉团队合作开展了自然保护区大型底栖动物群落特征研究（2016年8月至2019年8月）。调查采用定量采泥、定量和定性拖网方法，对湿地、典型潮间带、近海（-3m以内浅水域）进行系统调查，潮间带设置调查断面11条，共46个站位，每条断面在高潮区、中潮区和低潮区设置3个采样点，每个采样点使用0.1m^{2}取样框取样两次，即每个断面取样数为6个，取样深度为30cm。断面及采样站位置以GPS定位，走向与海岸垂直。2017年，共调查了包括潮间带33个站位和-3m以内浅水域11个站位，共计44个站位，获取潮间带样品53瓶，浅海样品11袋，样品全部带回实验室进行分类鉴定。

两栖动物既是环境健康的重要指示类群，也是食物链和生态系统中重要的中间类群，对于维持生态系统的健康和完整性具有重要意义。两栖动物被称为“生态晴雨表”，是监测环境变化的关键的“早期预警系统”。自然保护区系统地开展两栖动物监测，掌握两栖动物的动态变化以及受威胁的因子，调查主要采取样线法、人工覆盖物法，采集区内两栖动物，对其个体健康状况进行详细测量，2017年度监测到的两栖动物共5种，隶属1目4科5属，即中华蟾蜍、花背蟾蜍、黑斑侧褶蛙、泽陆蛙和北方狭口蛙，其中，黑斑侧褶蛙和北方狭口蛙为优势特种。

黄河三角洲地区在1990年引入互花米草，在东营市仙河镇五号桩海滩栽种，互花米草在黄河三角洲扩张十分迅速，经专家调查，2015年自然保护区互花米草入侵面积已超过3200hm^2。为了做好互花米草在黄河三角洲滨海湿地入侵机制、扩展动态及其防治措施的研究工作，自然保护区管理局与中国科学院烟台海岸带所韩广轩研究团队合作，合作持续3年（2016年8月至2019年12月），经费56万元，经费来源于国家级及省级自然保护区专项资金（鲁财建〔2016〕10号）。2017年度主要开展黄河三角洲互花米草遗传多样性及防治方法等研究，其中，防治方法研究包括野外原位试验和室内试验研究，涉及不同的物理和化学防治方法。生长季结束后，采取刈割+翻耕的综合措施，可以高效抑制第二年互花米草的无性繁殖，但是，若想推广此方法，需要有可以适用于潮间带作业的履带式割草机和旋耕机。高效氟吡甲禾灵和氰氟草酯均可在一个月内杀死互花米草地上部分，在下一步工作中，需要监测潮汐对农药效果的影响，并对农药的环境影响进行监测、评估。同时，还需要对农药用量与浓度、喷药时间与次数上进行深入研究。

自然保护区是众多珍稀濒危鸟类的栖息地和繁殖地，特别是以东方白鹳、黑嘴鸥为主的珍稀水鸟的主要繁殖停歇场所。为了保护好黄河三角洲湿地，最大程度地发挥其生态服务功能，提高湿地生物多样性，改善湿地鸟类栖息地质量，自然保护区先后开展了东方白鹳栖息地保护工程、生态廊道工程，并每年开展相关指标的跟踪监测，深入分析生态保护与恢复试验数据和实践经验，总结湿地多样性保护成功模式，用于指导自然保护区生态工程的开展。

第二篇
自然保护区环境监测

第一章

自然保护区生态多样性保护工程施工前土壤监测

2017 年 12 月 18～20 日，对大汶流管理站生态多样性保护工程区域，以网格布点法，进行了施工前全面土壤调查。共设计采样点 157 个（图 2-1），每个样点采集 0～10cm 和 10～20cm 土样进行分析。分析指标包括含盐量、pH、总氮、总磷、铵态氮（NH_4^+）、硝态氮（NO_3^-）、无机氮（NH_4^++NO_3^-）、速效磷等。各项指标分析如下。

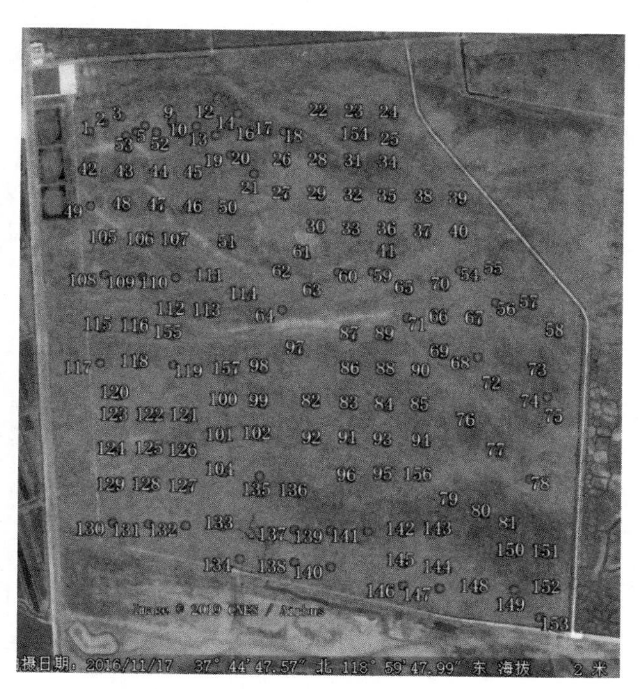

图 2-1 土壤调查样点分布

一、含盐量

图 2-2 显示了生态多样性保护工程区域土壤含盐量分布情况，区域中心位置含盐量较低。通过箱线图绘制和频数分布分析（图 2-3）发现，多数采样点 0～10cm 和 10～20cm 土壤含盐量均低于 5‰，

仅有两个采样点含盐量超过10‰，其中0～10cm最高含盐量为14.02‰，10～20cm最高为10.82‰。对0～10cm和10～20cm土层含盐量进行配对样本t检验，结果显示两土层间含盐量差异不显著。但由土壤含盐量两土层对比图（图2-4）可以看出，当0～10cm土层含盐量大于4‰时，以0～10cm含盐量更高。

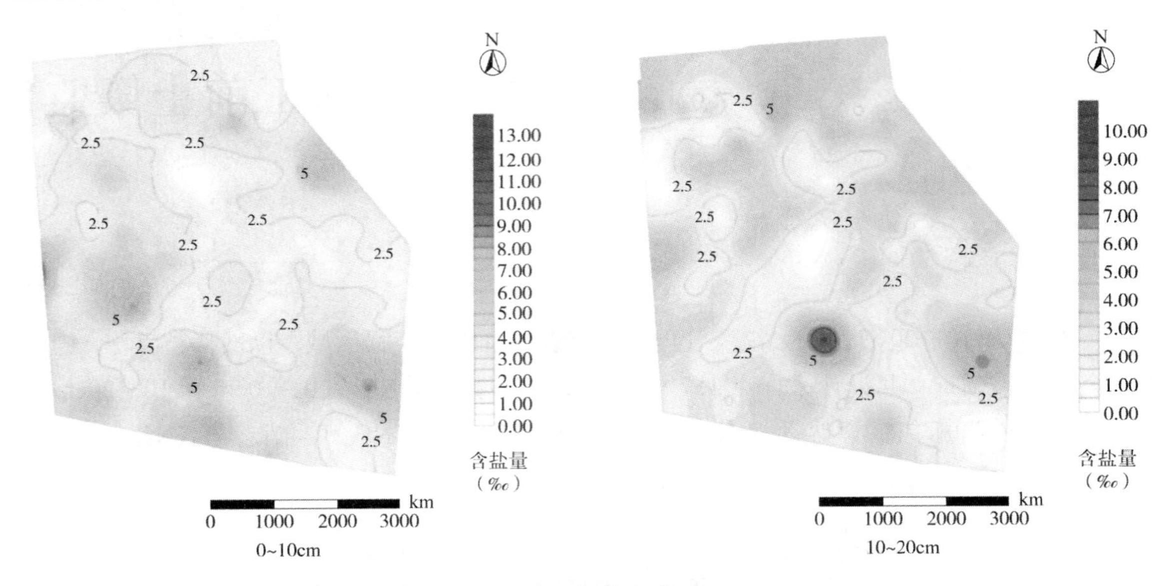

图2-2 含盐量分布

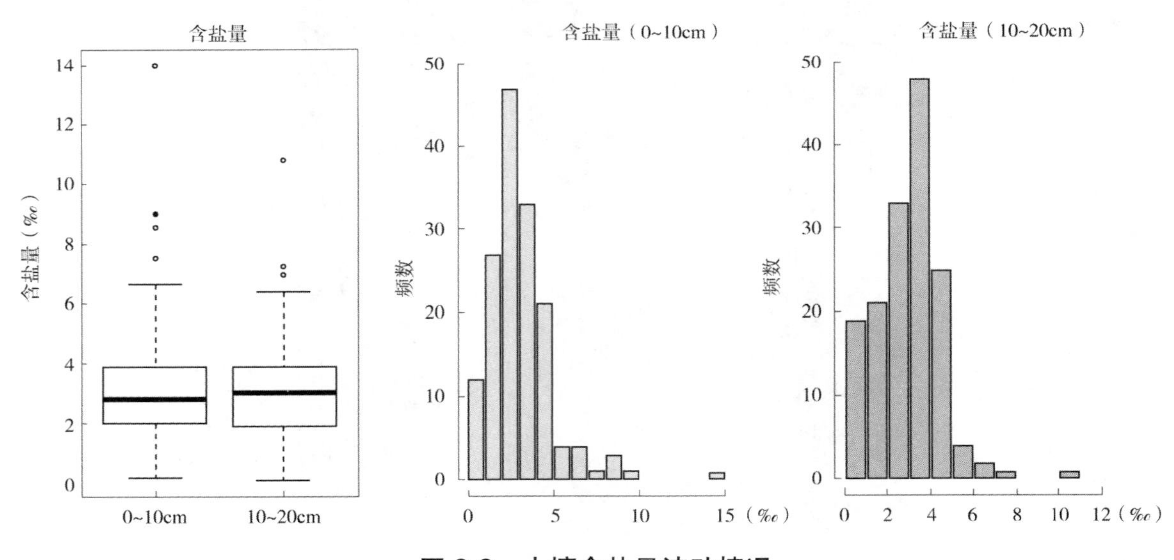

图2-3 土壤含盐量波动情况

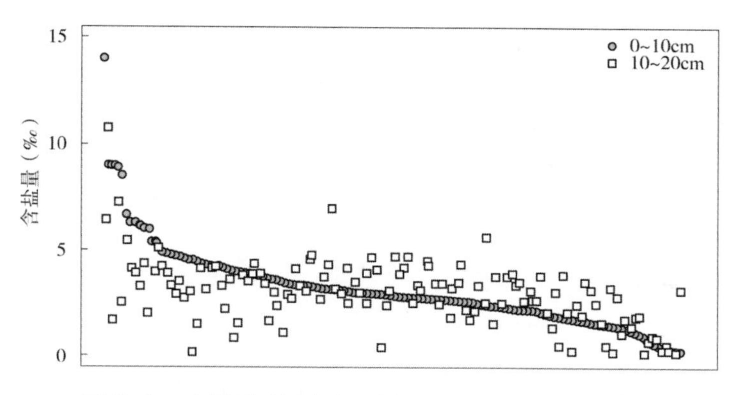

图 2-4　土壤含盐量 0～10cm、10～20cm 对比

二、pH

生态多样性保护工程区域土壤 pH 范围介于 7.0～9.0，属碱性土壤，图 2-5 显示了区域内 pH 分布情况。通过箱线图绘制和频数分布分析（图 2-6）发现，0～10cm 土壤 pH 主要集中在 7.5～7.9，中位数为 7.7，最高值达 8.34；而 10～20cm 土层主要波动范围为 7.7～8.1，中位数为 7.9，最高值达 8.83。对 0～10cm 和 10～20cm 土层 pH 进行配对样本 t 检验，结果显示土层间 pH 差异显著，多数采样点以 10～20cm 土层 pH 更高（图 2-7）。

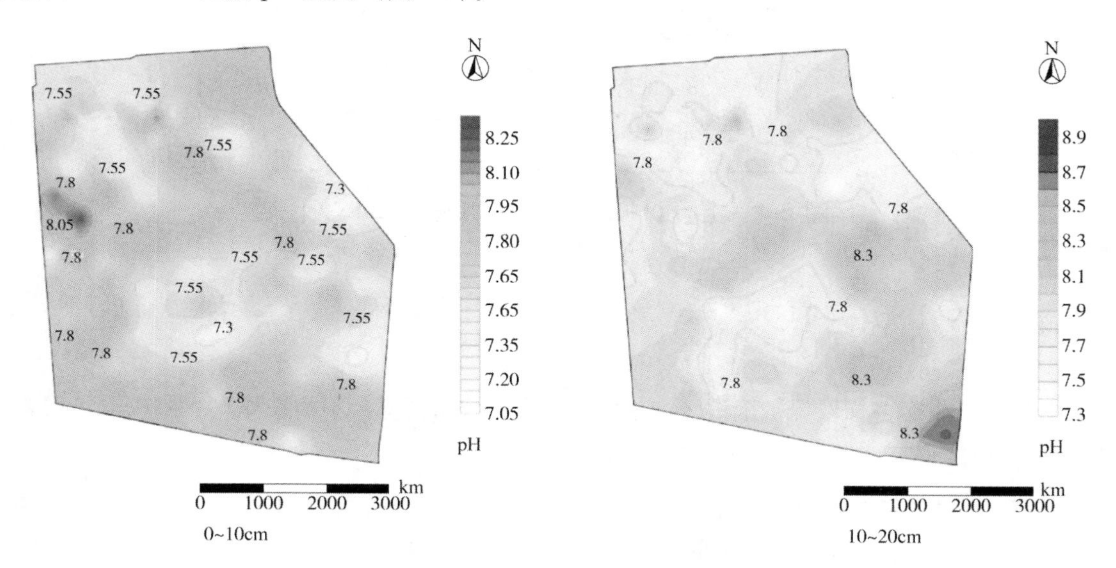

图 2-5　pH 分布

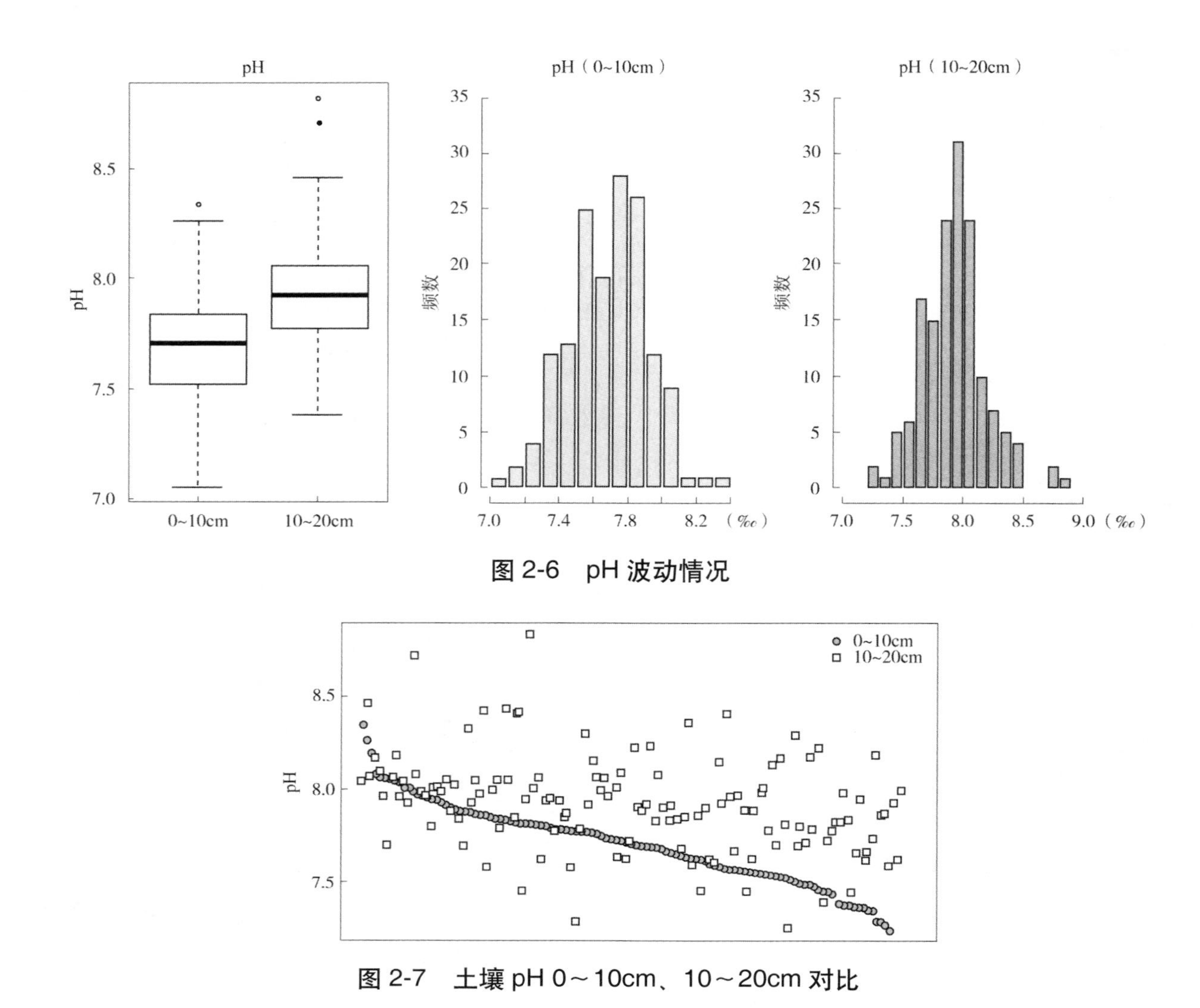

图 2-6 pH 波动情况

图 2-7 土壤 pH 0～10cm、10～20cm 对比

三、总氮

图 2-8 显示了生态多样性保护工程区域土壤总氮含量分布情况，不同采样点 0～10cm 土层总氮含量差异较大，以区域西北部和西南部更高，而 10～20cm 土层总氮含量波动范围小，分布相对均匀。通过箱线图绘制和频数分布分析（图 2-9）发现，0～10cm 土壤总氮含量主要集中在 0.2～0.8mg/g，中位数为 0.38mg/g，最高值达 2.14mg/g；而 10～20cm 土层主要波动范围为 0.1～0.2mg/g，中位数为 0.15mg/g，最高值达 1.23mg/g。0～10cm 和 10～20cm 土层总氮含量配对样本 t 检验结果显示，0～10cm 和 10～20cm 土壤总氮含量差异显著，以 0～10cm 土层总氮含量更高（图 2-10）。

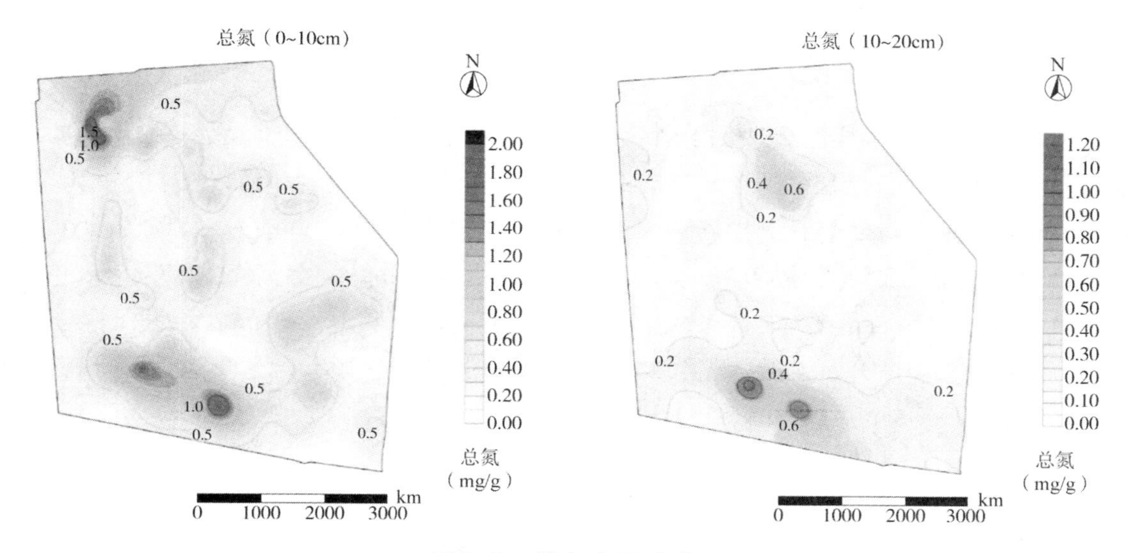

图 2-8 总氮含量分布

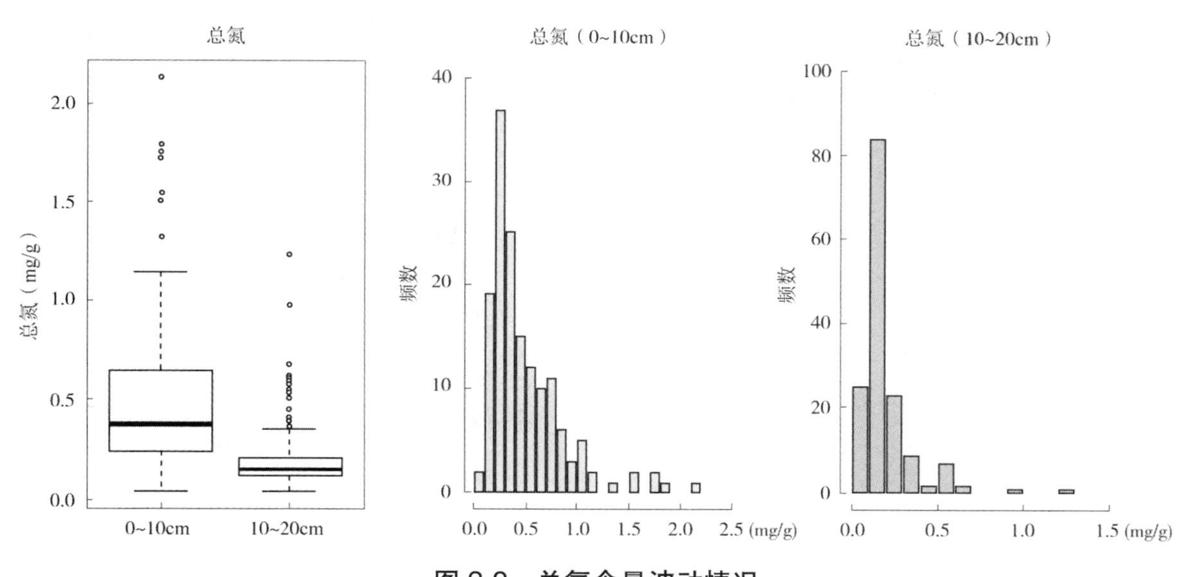

图 2-9 总氮含量波动情况

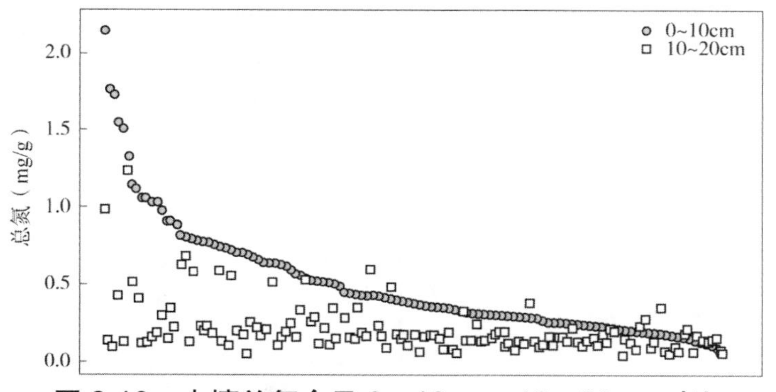

图 2-10 土壤总氮含量 0～10cm、10～20cm 对比

四、总磷

图 2-11 显示了生态多样性保护工程区域土壤总磷含量分布情况，0～10cm 土层总磷含量以区域北部更高，而 10～20cm 土层总磷含量分布相对均匀。通过箱线图绘制和频数分布分析（图 2-12）发现，0～10cm 土壤总磷含量主要集中在 0.4～0.55mg/g，中位数为 0.48mg/g，最高值达 0.68mg/g；而 10～20cm 土层主要波动范围为 0.45～0.55mg/g，中位数为 0.5mg/g，最高值达 0.79mg/g。0～10cm 和 10～20cm 土层总磷含量配对样本 t 检验结果显示，0～10cm 和 10～20cm 土层间土壤总磷含量差异显著。具体地，0～10cm 土层总磷含量大于 0.5mg/g 时，以 0～10cm 含量更高；当总磷含量小于 0.5mg/g 时，以 10～20cm 更高（图 2-13）。

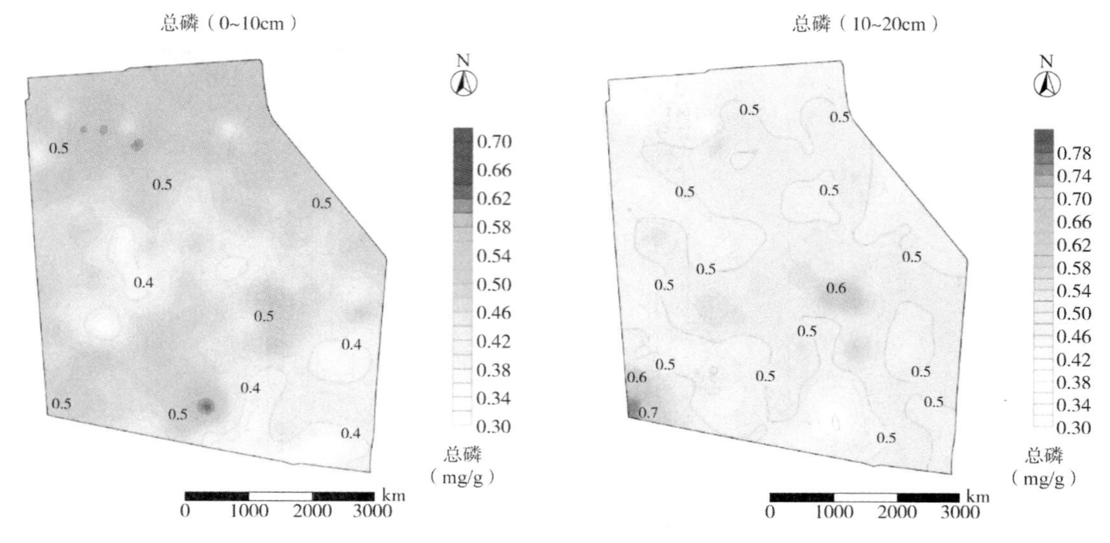

图 2-11　总磷含量分布

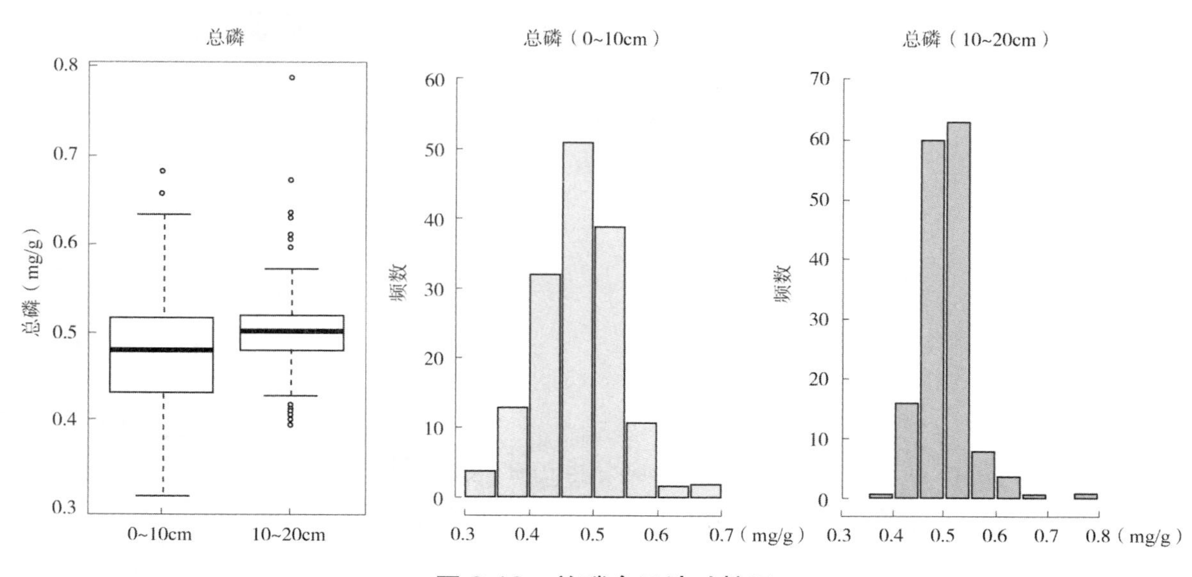

图 2-12　总磷含量波动情况

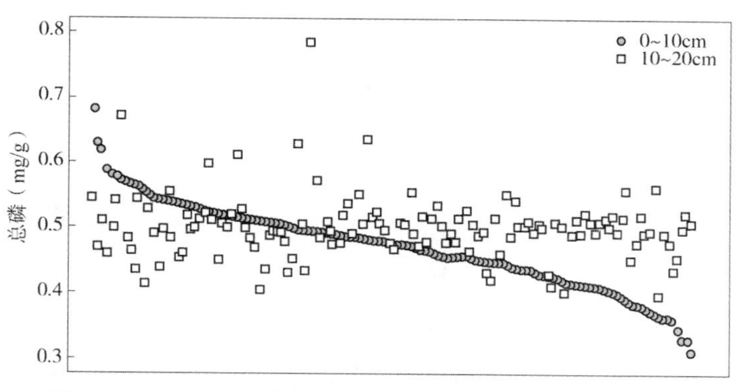

图 2-13　土壤总磷含量 0～10cm、10～20cm 对比

五、铵态氮

生态多样性保护工程区域内不同采样点土壤铵态氮含量差异较大，图 2-14 显示了具体分布情况。通过箱线图绘制和频数分布分析（图 2-15）发现，0～10cm 土壤铵态氮含量主要集中在 6～14mg/kg，中位数为 9.99mg/kg，最高值达 37.46mg/kg；而 10～20cm 土层主要波动范围为 5～13mg/kg，中位数为 8.14mg/kg，最高值达 27.71mg/kg。0～10cm 和 10～20cm 土层铵态氮含量配对样本 t 检验结果显示，两土层间土壤铵态氮含量差异显著。具体地，当 0～10cm 铵态氮含量高于 10mg/kg 时，以 0～10cm 土层含量更高；含量低于 7mg/kg 时，以 10～20cm 更高（图 2-16）。

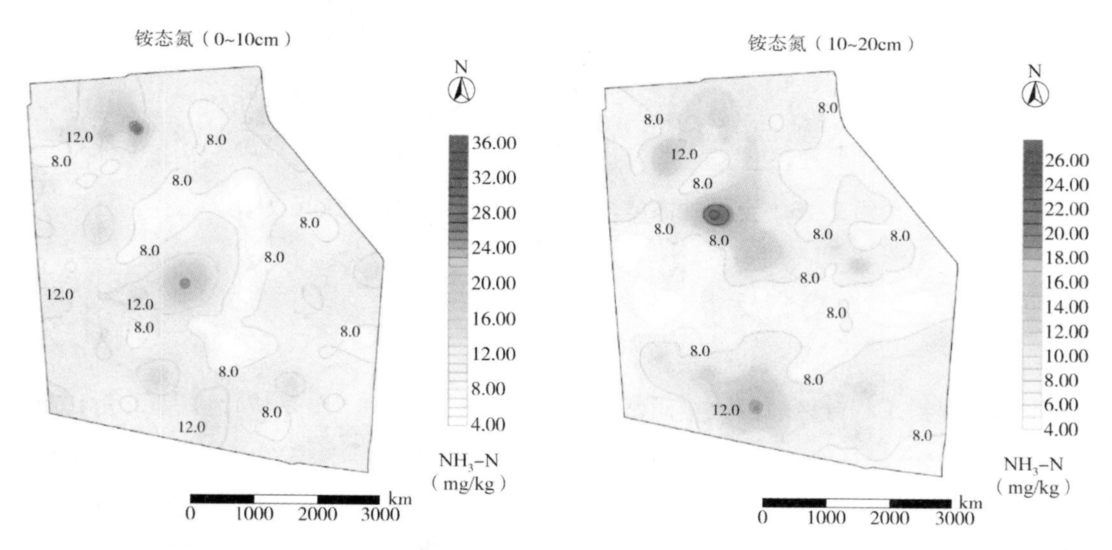

图 2-14　铵态氮含量分布

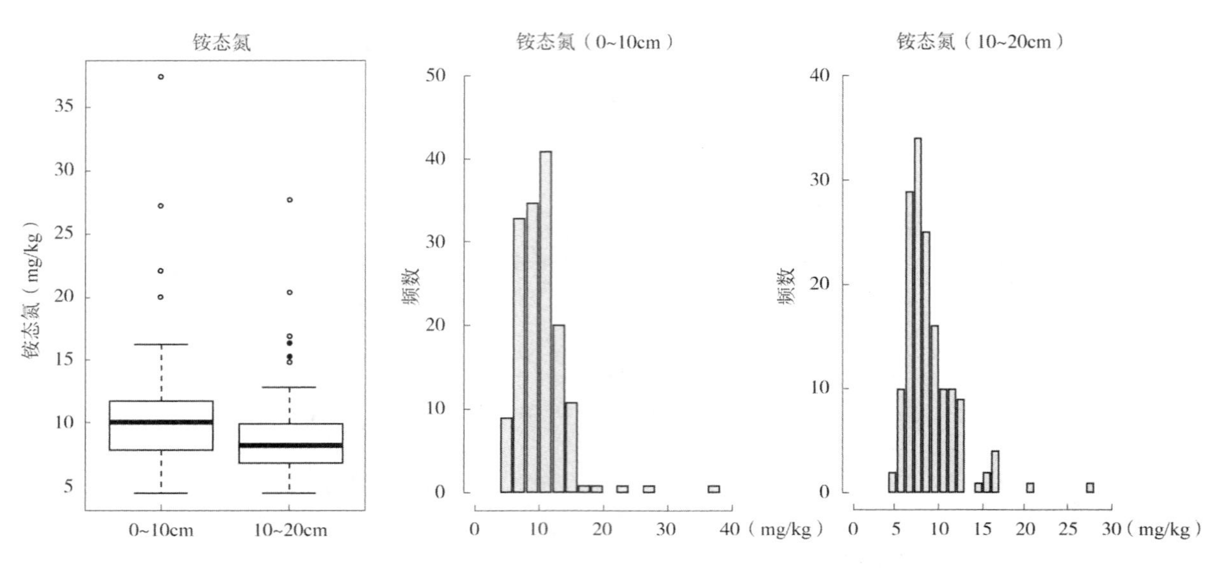

图 2-15　铵态氮含量波动情况

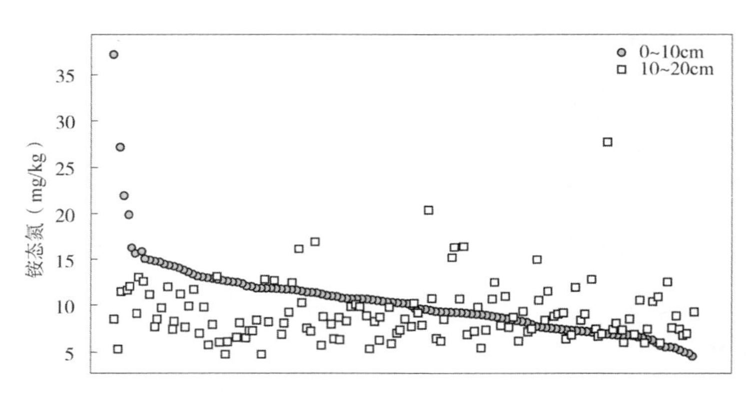

图 2-16　土壤铵态氮含量 0～10cm、10～20cm 对比

六、硝态氮

生态多样性保护工程分区域内土壤硝态氮含量分布相对均匀（图 2-17），以西北角和南部边缘地带硝态氮含量较高，其他位点间差异较小。通过箱线图绘制和频数分布分析（图 2-18）发现，多数采样点 0～10cm 和 10～20cm 土壤硝态氮含量均低于 5mg/kg，仅有两个采样点硝态氮含量超过 15mg/kg，其中 0～10cm 最高含量为 22.3mg/kg，10～20cm 最高为 17.14mg/kg。对 0～10cm 和 10～20cm 土层硝态氮含量进行配对样本 t 检验，结果显示两土层间土壤硝态氮含量差异显著，以 0～10cm 土层含量更高（图 2-19）。

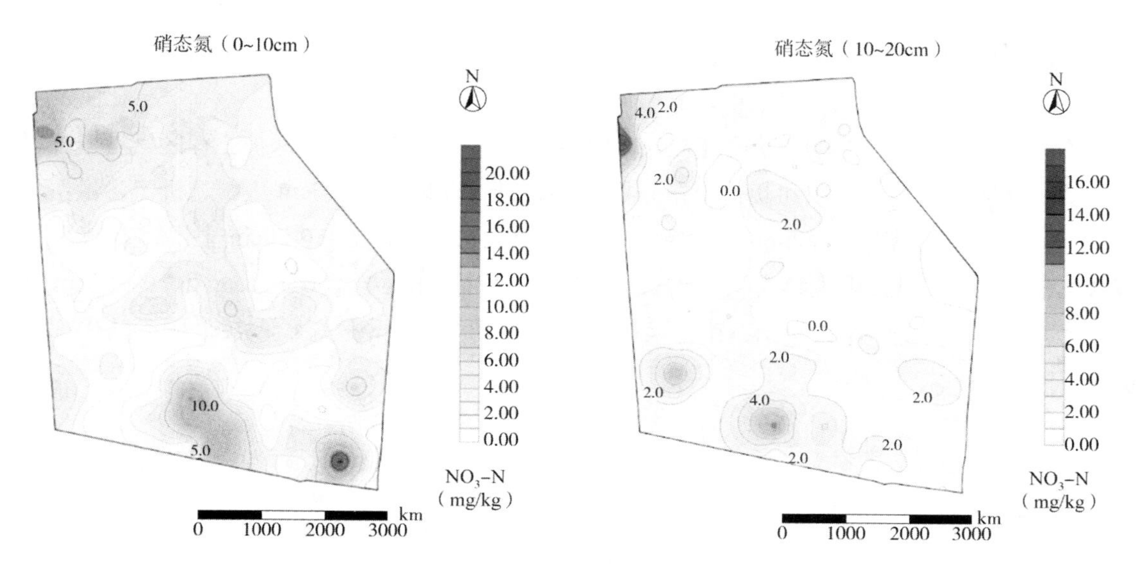

图 2-17　硝态氮含量分布

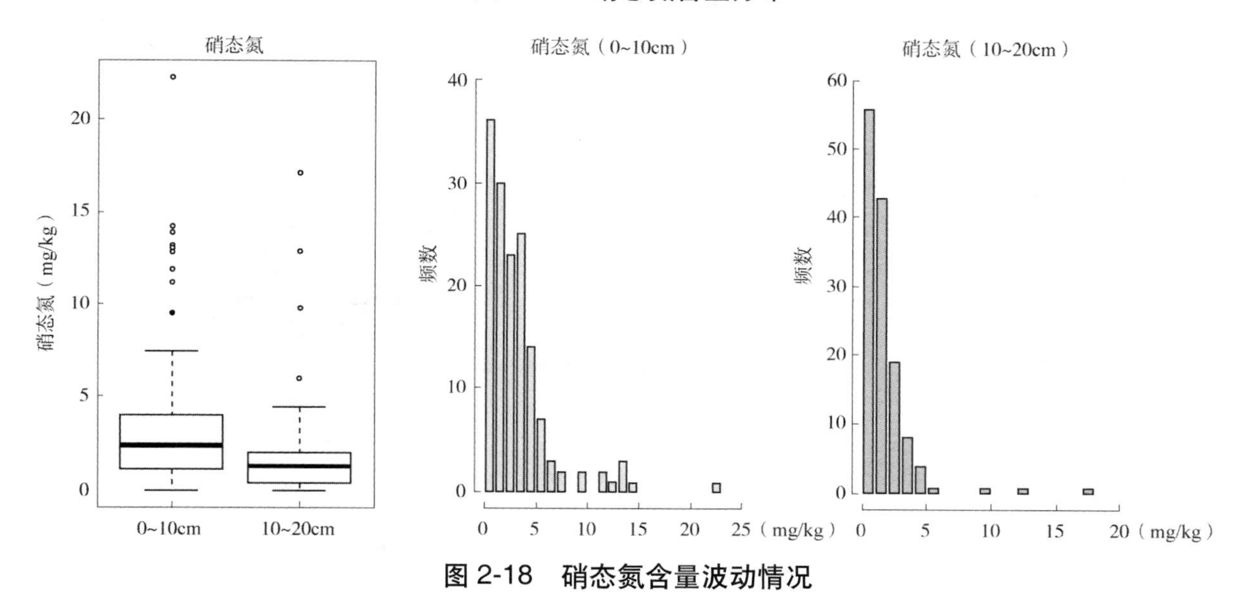

图 2-18　硝态氮含量波动情况

图 2-19　土壤硝态氮含量 0～10cm、10～20cm 对比

七、无机氮

以铵态氮、硝态氮总和作为无机氮含量，图 2-20 显示了生态多样性保护工程区域土壤无机氮含量分布情况。通过箱线图绘制和频数分布分析（图 2-21）发现，0～10cm 土壤无机氮含量主要集中在 3～10mg/kg，中位数为 6.22mg/kg，最高值达 33.29mg/kg；对于 10～20cm 土层，多数采样点无机氮含量低于 12mg/kg，中位数为 4.22mg/kg，最高值达 33.14mg/kg。0～10cm 和 10～20cm 土层无机氮含量配对样本 t 检验结果显示，两土层间土壤无机氮含量差异显著，多数采样点以 0～10cm 含量更高（图 2-22）。

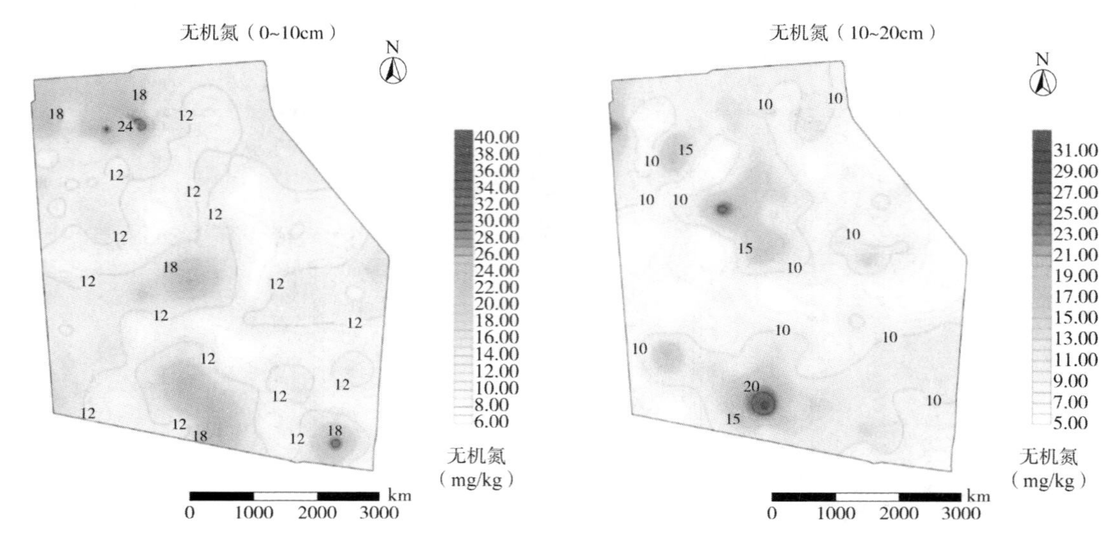

图 2-20　无机氮含量分布

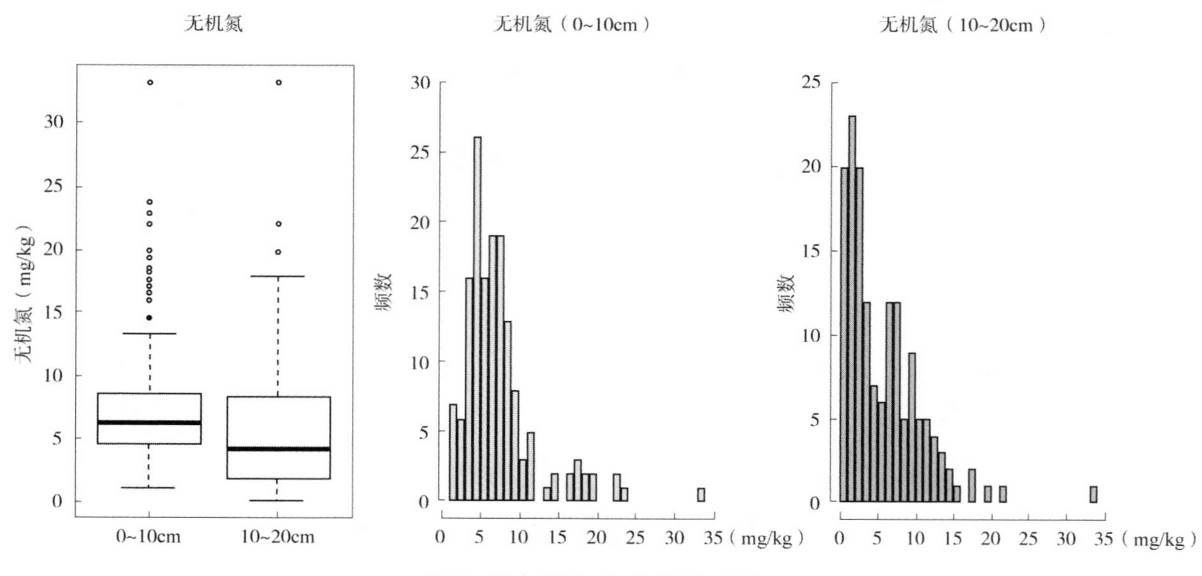

图 2-21　无机氮含量波动情况

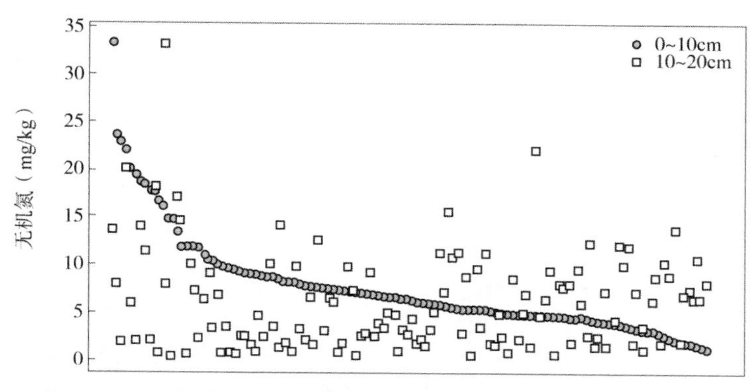

图 2-22　土壤无机氮含量 0～10cm、10～20cm 对比

八、速效磷

图 2-23 显示了生态多样性保护工程区域土壤速效磷含量分布情况，位点间 0～10cm 土层速效磷含量差异较大，而 10～20cm 土层速效磷含量以西南角含量较高，整体分布相对均匀。通过箱线图绘制和频数分布分析（图 2-24）发现，0～10cm 土壤速效磷含量主要集中在 2～6mg/kg，中位数为 3.73mg/kg，最高值达 23.83mg/kg；对于 10～20cm 土层，多数采样点速效磷含量低于 5mg/kg，中位数为 1.95mg/kg，最高值达 21.24mg/kg。0～10cm 和 10～20cm 土层速效磷含量配对样本 t 检验结果显示，两土层间土壤速效含量差异显著，多数位点以 0～10cm 含量更高（图 2-25）。

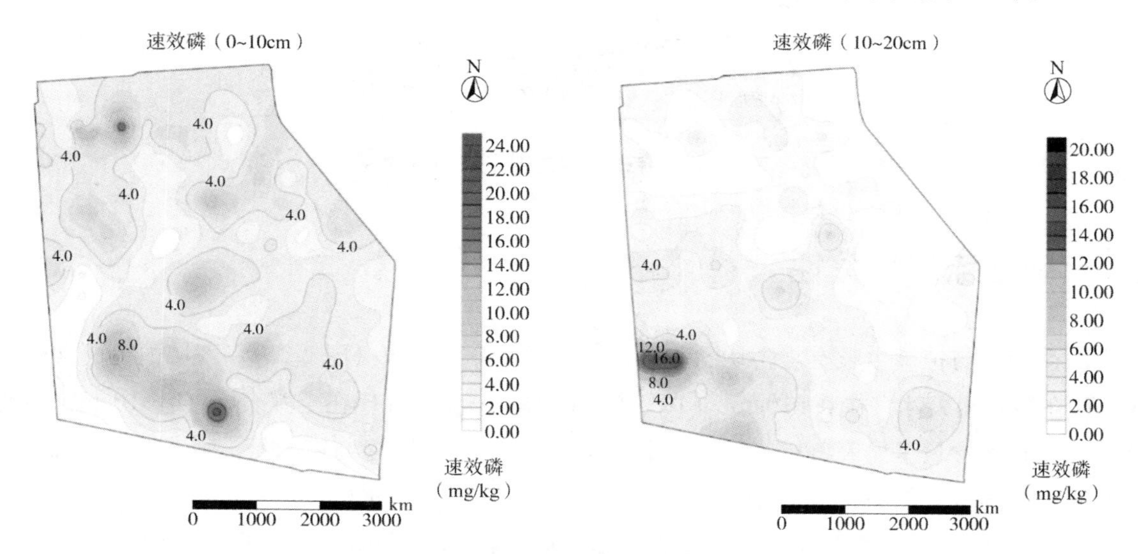

图 2-23　速效磷含量分布

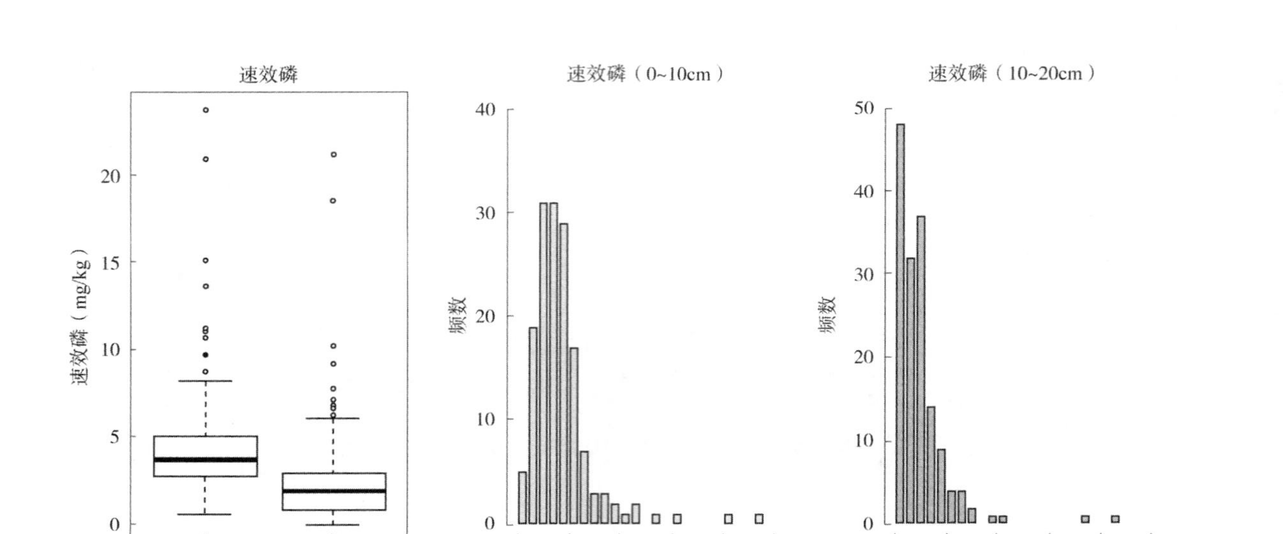

图 2-24　速效磷含量波动情况

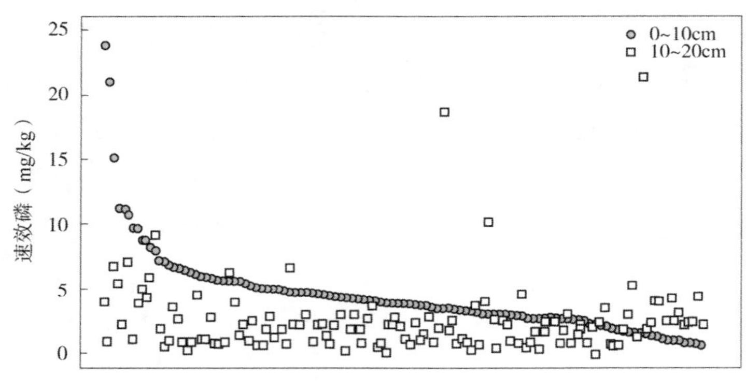

图 2-25　土壤速效磷含量 0～10cm、10～20cm 对比

九、土壤指标间相关性

土壤盐碱度与植被生长有着密切的联系，由相关性分析得出（图 2-26），区域内土壤含盐量仅与 pH 存在显著相关性，在 0～10cm 和 10～20cm 均呈负相关。pH 在土壤表层（0～10cm）与速效磷含量和无机氮含量呈显著负相关。土壤养分含量方面，总氮含量与铵态氮、硝态氮、无机氮及速效磷含量均呈显著正相关，0～10cm 总氮与总磷含量亦存在显著正相关。而总磷含量仅在 0～10cm 与铵态氮、总氮、无机氮及速效磷存在显著正相关关系，10～20cm 时与其他指标相关性不显著。无机氮含量主要由硝态氮含量决定，与硝态氮相关性系数最大。

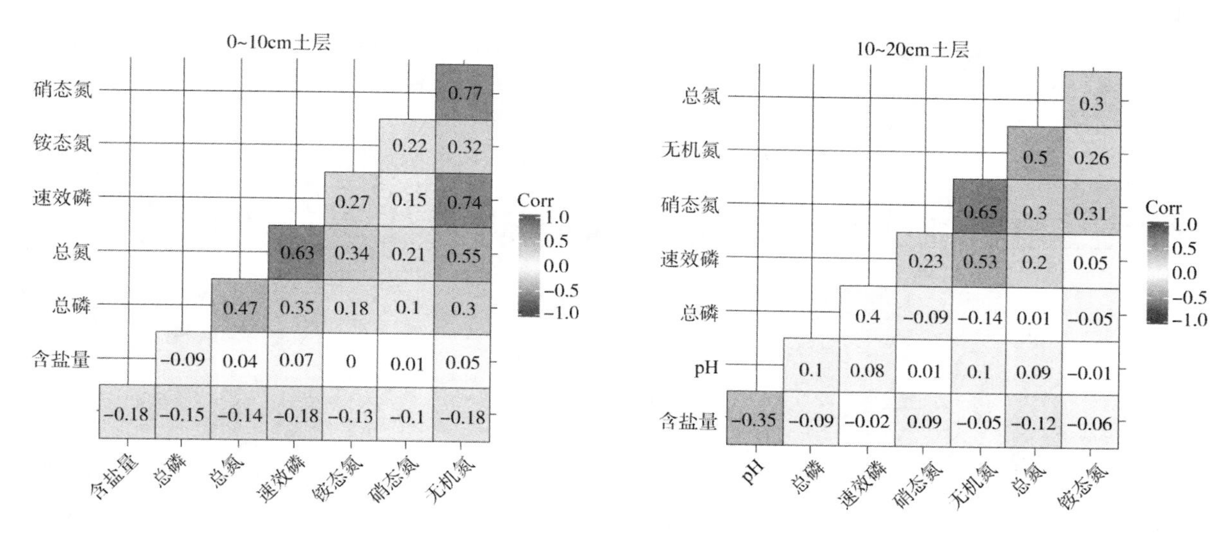

图 2-26　土壤指标间相关系数

第二章

黄河三角洲湿地（陆域）水体初级生产力调查

黄河三角洲是淡水生态系统和海洋生态系统的交汇区，在这里密布着滨海湿地，各种生源要素通过陆地径流输送至近岸水域。由于该区近岸多为经济发达区域，河流的流域内工农业水平高和规模大，径流会携带大量的悬浮泥沙、有机物及营养盐等入海。而黄河三角洲河口区独特的涨退潮和咸淡水交汇特征使污染物扩散较慢，造成污染物等在河口区堆积，形成了河口海域独特的水体生态系统。

一、监测目的

调查和监测湿地水域初级生产力有助于了解湿地碳循环过程及水域浮游植物固碳能力，通过对其环境控制因素进行深入分析和探讨，可为全球湿地碳循环研究和应对气候变化提供基础数据和理论支撑。

二、监测与分析方法

本调查和研究基于 Steeman Nielsen 提出的 ^{14}C 同位素示踪法原理，采用 Strickland 和 Parsons 所描述的步骤，对 4 个典型站点的水样进行现场培养实验来测定水域初级生产力（图 2-27）。为减少浮游动物的捕食作用，水样先经 300μm 孔径筛网过滤，随后注入三个容积为 300mL 的透明 BOD 培养瓶和三个外壁漆黑的 BOD 培养瓶，每瓶加入 1～5μCi $NaH^{14}CO_3$ 示踪剂后，密封。然后将六个培养瓶平行置于原水样所在的水层中，培养 4～6 个小时（图 2-28）。

初级生产力计算公式借鉴 Peterson，并结合 Vernet 和 Smith 方法对非光合作用所导致的 ^{14}C 吸收进行修正，公式如下：

$$P_z = \frac{(A_{POC}+A_{DOC})_{light} - (A_{POC}+A_{DOC})_{dark}}{A_{TC} \times T} \times DIC \times 1.05$$

其中，P_Z 为浮游植物浮在 Z 水层的光合作用速率［单位 mgC/(m^3·h)］；A_{POC}、A_{DOC} 和 A_{TC} 分别为颗粒有机碳（POC）、溶解有机碳（DOC）和总碳（TC）的放射性活度（单位 dpm），$(A_{POC}+A_{DOC})_{light}$ 和 $(A_{POC}+A_{DOC})_{dark}$ 则分别表示白瓶、黑瓶中的总有机碳放射性活度；DIC 为溶解无机碳含量（单位

mg/m^3）；而 T 则为培养时间（单位 h）。所有样品在野外获取后，回到实验室用青岛海洋地质研究所超低本底的液体闪烁计数器（PerkinElmer QUANTULUS 1220）进行定量分析。

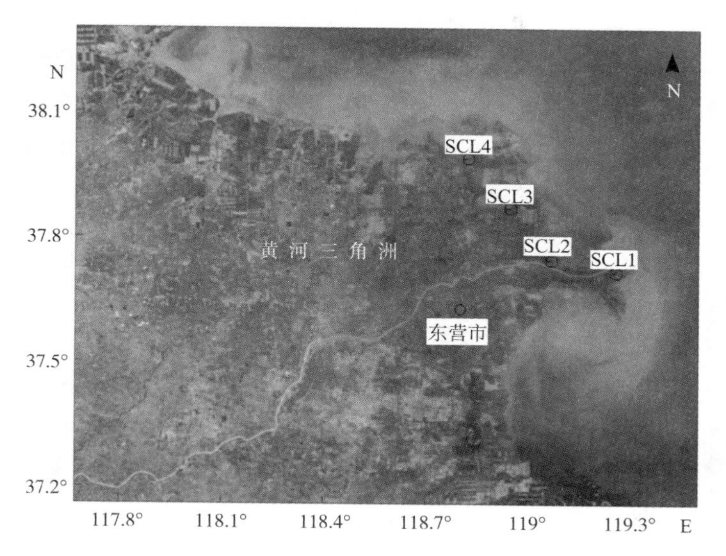

图 2-27　黄河三角洲滨海湿地区及水体生产力监测站点

图 2-28　对湿地（陆域）水体初级生产力进行系统调查情况

三、监测结果与分析

初步分析结果表明，初级生产力变化范围为86.34～500.67mgC/(m^3·d)，平均值为188.46mgC/(m^3·d)，平均值要稍高于近岸水体初级生产力。对其控制因素的初步分析表明，在陆地径流营养盐较为丰富的状况下，温度与光照仍是主要影响因素，这点在前期调查中已发现类似规律。关于水域浮游植物固碳机理、溶解有机碳释放机理、水域固碳在湿地固碳中的作用和比例等理论研究目前正在进行深入分析。

四、管理建议

湿地水域生产力与环境因素息息相关，近年来在人类活动和气候变化双重影响下，湿地水域中的营养盐结构已经发生了较大变化，大部分水域处于或临界于富营养状态，长期以往将可能导致赤潮灾害的爆发。因此，建议相关部门对排入湿地中的径流进行大面积的长期监测，尤其对营养盐变化状况要有清晰了解，同时设定水域生产力长期监测站，积累长时间数列数据，这是目前国际研究趋势，将为解决湿地碳循环、湿地修复和应对全球气候变化提供技术数据和理论支撑。

第三章

滨海滩涂湿地沉积物中多环芳烃含量调查报告

一、调查目的

通过对滨海滩涂湿地沉积物中多环芳烃含量的分析，揭示滨海滩涂湿地的污染状况，对黄河三角洲湿地的保护与科学管理提供基础数据。

二、调查区域与分析方法

2017 年 9 月，在黄河三角洲国家自然保护区内分别选取 3 块滩涂样地，分别位于一千二管理站辖区（118.65° E，38.11° N）、黄河口管理站辖区（119.13° E，37.79° N）和大汶流管理站辖区（119.25° E，37.73° N）。在退潮期间，每块样地采用 15 点梅花分布法取 0～5cm 表层土混合，四分法取样。土样低温避光保存，采用高效液相色谱法（HJ784-2016）测定 16 种多环芳烃总含量。

三、调查结果与分析

黄河三角洲自然保护区内 3 块滨海滩涂沉积物中 16 种多环芳烃的总含量在 110～620ng/g，其中新老河口间滩涂沉积物中多环芳烃含量相对较低（110ng/g），而临近黄河口的北部滨海滩涂沉积物中多环芳烃含量相对较高（620ng/g）。根据水生环境，多环芳烃含量可分为，低污染水平（0～100ng/g）、中等污染水平（100～1000ng/g）、高污染水平（1000～5000ng/g）和严重污染水平（＞ 5000ng/g），所选区域沉积物中多环芳烃含量属于中等污染水平。该区污染状况优于我国大多数的南方红树林表面沉积物和珠江河口海岸表层沉积物中 16 种多环芳烃的总含量。

四、管理建议

由于滨海滩涂湿地是陆海生态过渡带，受海洋和陆地的双重影响，具有特殊的气候、水文、土壤和生物特征，是非常脆弱的生态系统，而河口滨海滩涂湿地则更为复杂。因此，应该加强黄河三角洲滨海滩涂湿地污染状况的调研，并且深入开展污染源解析，为污染防控提供科学的指导。

第三篇
自然保护区动物调查

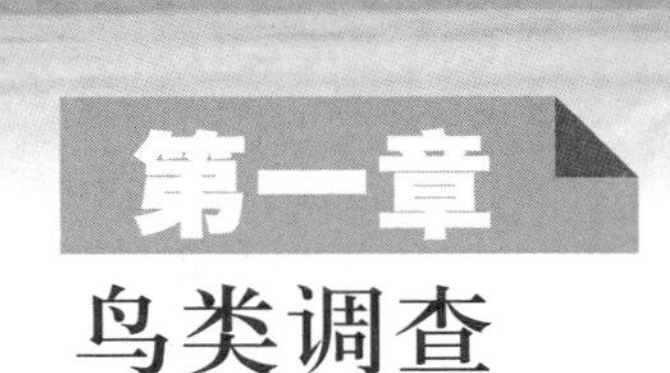

鸟类调查

第一节　鸟类巡护监测报告

鸟类是自然保护区新生湿地生态系统的重要组成部分，是划分国际重要湿地的重要依据之一，是衡量一个湿地生物多样性、初级生产力的重要标准。许多鸟类被列为《中华人民共和国野生动物保护法》和《濒危野生动植物种国际贸易公约》重点保护鸟类，具有重要的生态、科学、社会价值。

2017 年自然保护区持续开展巡护监测工作，全年累计监测鸟类 253 天。调查监测区域涵盖河口水域、滩涂、淡水沼泽、水塘、水产养殖池、盐田、稻田等，积累了大量基础数据，通过统计进行整理，分析了保护区内鸟类种类、数量的特征，对于自然保护区野生鸟类资源状况、鸟类保护管理，以及维护湿地生物多样性具有重要的意义。

一、研究方法

根据黄河三角洲的自然条件开展鸟类调查，按不同的生态区设置样地，采取定点观测和线路调查相结合的方法，根据相关文献资料和书籍图鉴，记录在不同地区所见鸟类的种类和数量。通过调查各生境类型中鸟类种类、数量及分布情况，较全面地反映自然保护区鸟类多样性情况。鸟类野外鉴别主要依据《中国野外鸟类手册》，分类系统依据《中国鸟类分类与分布名录》。

调查过程中，监测人员用双筒望远镜 Kowa10 × 42 和单筒望远镜 SWAROVSKI STS 80HD 进行观察，记录调查路线两侧所有鸟的种类、数量、种群状态、生境等。同时记录 GPS 航迹及点位，及时拍摄鸟类及其所在的生境照片。调查中，一人负责观鸟、GPS 定位，一人负责记录，一人负责拍照。

二、研究结果与分析

（一）鸟类种类组成

2017 年 1～12 月数据统计显示，此次调查记录鸟类 14 目 36 科 151 种。从图 3-1 中看出，鸻形目 56 种，占总数的 37.1%；雁形目 28 种，占总数的 18.5%；鹳形目 15 种，占总数的 9.9%；隼形目 14 种，9.3%；雀形目 12 种，7.9%；鹤形目 9 种，6.0%；䴙䴘目、鸽形目各 3 种，分别占总数的 2.0%；鹈形目、鹃形目、鸮形目、佛法僧目各 2 种，分别占总数的 1.3%；鸡形目、戴胜目、䴕形目各 1 种，分别占总数的 0.7%。物种数目最多的是鸻形目和雁形目，自然保护区丰富的淡水沼泽湿地为雁鸭类水鸟提供了良好的停歇、越冬场所。4.2 万 hm^2 的滩涂湿地为 56 种鸻形目水鸟理想的中转站，尤其是 4～6 月，成群的鸻鹬类水鸟在潮间带栖息、觅食。

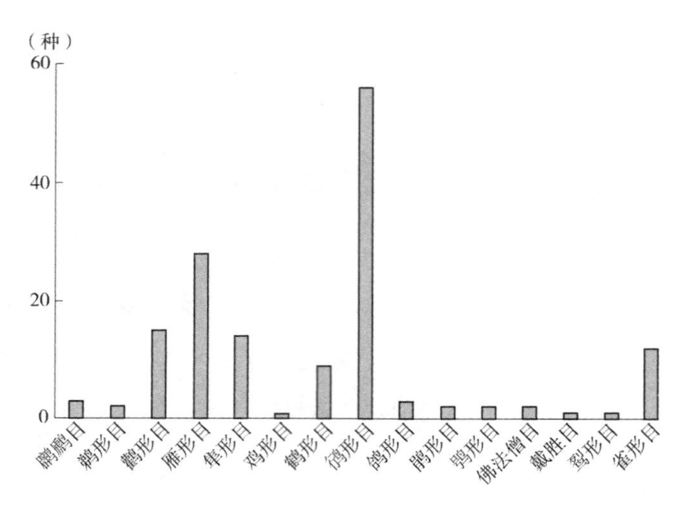

图 3-1　调查区域鸟类目数统计

从图 3-2 可以看出超过 10 种以上的科有鸭科(28 种)、鹬科(24 种)、鹭科(12 种)、鸥科(12 种)，研究区域鸟类的物种多样性相当丰富。另外，从保护级别上来看，研究区域中的国家一级保护鸟类有白鹤、白头鹤、东方白鹳、黑鹳、丹顶鹤、大鸨、遗鸥 7 种，国家二级保护鸟类有角䴙䴘、卷羽鹈鹕、白琵鹭、大天鹅、小天鹅、白额雁、鸳鸯、白尾鹞、苍鹰、黑翅鸢、黑鸢、普通鵟、大鵟、鹊鹞、燕隼、红脚隼、红隼、猎隼、游隼、灰背隼、黄爪隼、白枕鹤、灰鹤、沙丘鹤、小青脚鹬、小杓鹬、长耳鸮、短耳鸮共 28 种。

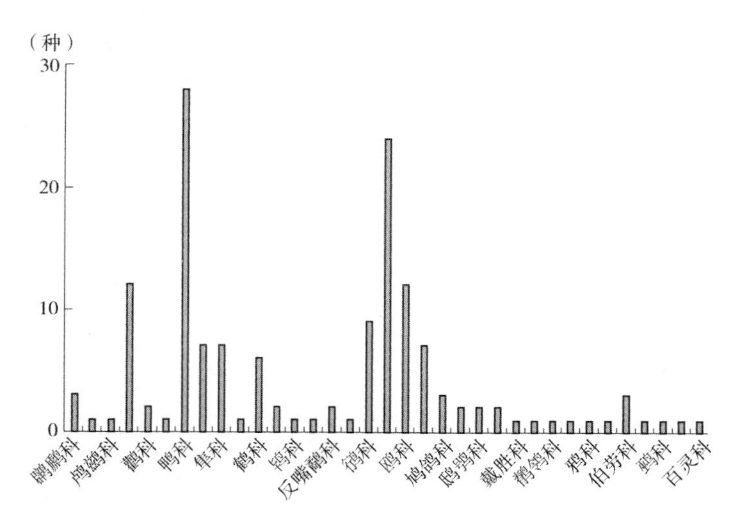

图 3-2　调查区域鸟类科数统计

（二）居留型统计分析

从表3-1可知，研究区有留鸟21种，占总鸟类的13.9%；夏候鸟31种，占总鸟类的20.5%；冬候鸟26种，占总鸟类的17.2%；旅鸟69种，占总鸟类的45.7%；迷鸟4种，占总鸟类的2.6%。自然保护区鸟类以旅鸟为主，留鸟、夏候鸟、冬候鸟较为平均，旅鸟中种类最多的是鹬科和鸥科。

表3-1 鸟类居留型统计表

居留型	留鸟	夏候鸟	冬候鸟	旅鸟	迷鸟	合计
种数	21	31	26	69	4	151
百分比（%）	13.9	20.5	17.2	45.8	2.6	100

（三）鸟类种类数量月份统计

从图3-3可知，研究区鸟类种类在10月份最多89种，9月份86种，5月份74种，11月份73种，3、7月份均是69种，8月份62种，其他月份鸟类种类平均50种。鸟类数量最多的月份是11月为89万只，其次是10月67万只，秋冬季鸟类种群数量最高，春季次之，夏季繁殖期鸟类种群数量最低（图3-4）。从鸟类在各月份的统计结果可以看出，研究区域鸟类种类在春秋迁徙季节最高，而数量则在秋季和冬季最多。1～2月，以越冬雁鸭类为主。2月下旬至3月中旬是鹤类、鹳类、鸥类、雁鸭类迁徙高峰期。3月下旬至5月上旬是涉禽迁徙高峰期。4月中旬至7月上旬是东方白鹳、黑嘴鸥及部分涉禽、雁鸭类、雀形目鸟类繁殖期。7月中旬至10月上旬，部分涉禽、雁鸭类、鸥类迁徙，但数量相对分散。10月下旬至11月下旬是鹤类、鹳类、雁鸭类等大型鸟类迁徙高峰期。12月，少量灰鹤、丹顶鹤及雁鸭类迁徙。

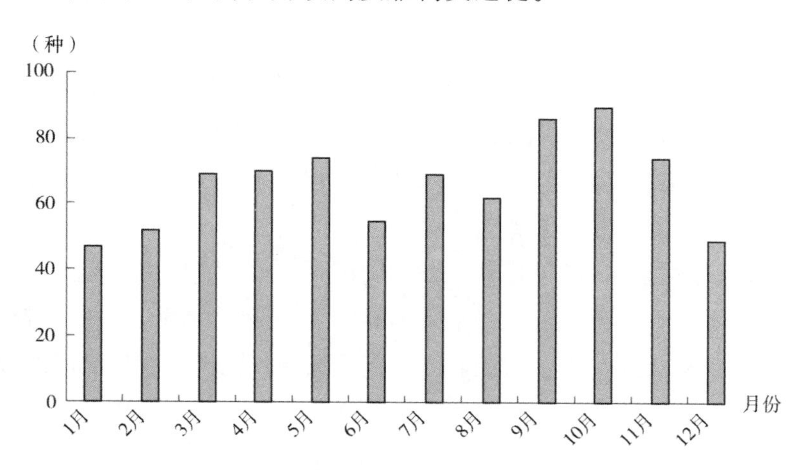

图3-3 调查区域鸟类种类月份统计

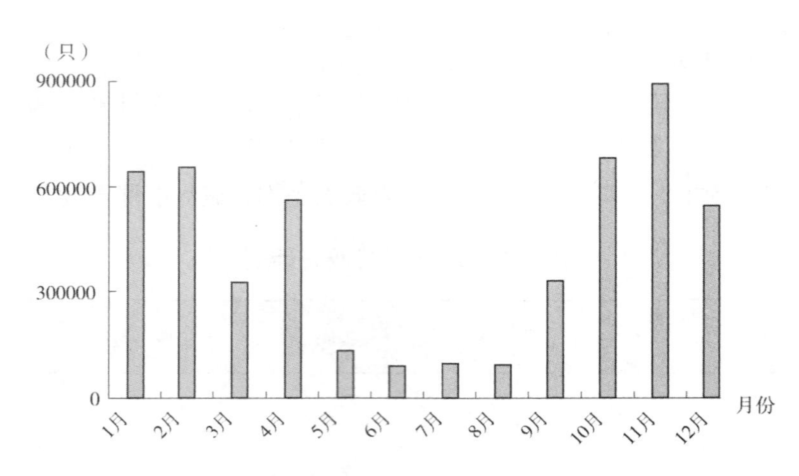

图 3-4　调查区域鸟类数量月份统计

三、保护管理工作计划

基于全年调查数据，研究区域鸟类类型丰富，珍稀濒危鸟类较多，这使得研究区域在具有很高的保护价值的同时，也面临着一定的压力，例如，人为干扰、环境污染、栖息地退化等，为了进一步提高对鸟类的保护，需要在以下几方面加强工作。

1. 加强法制建设，增强执法管理能力

按国家林业局示范自然保护区要求，坚持依法治区管区，积极推进“一区一法”。2017 年，东营市第七届人民代表大会常务委员会第 46 次会议审议通过《山东黄河三角洲国家级自然保护区条例》，已经山东省第十二届人民代表大会常务委员会第 27 会议批准，于 2017 年 5 月 1 日起正式实施，为湿地野生动物的保护管理提供了法律保障。

2. 加强湿地修复，开展生态补水工程，保护生物多样性

实施生态多样性保护工程，通过在湿地恢复区内，修建引水闸、连通闸，恢复水循环，在雨季蓄积雨水，在黄河丰水期大量引入黄河水，以蓄淡压碱等措施对退化湿地进行修复，修复湿地 750hm^2，明水面积增加，储存更多淡水，为水鸟提供更多的栖息环境，使鸟类种类数量呈增加的趋势。

3. 加强科学研究，发挥科技支撑作用

自 2017 年开始，自然保护区陆续开展了湿地水循环系统、盐地碱蓬恢复试验及互花米草防治研究，弄清自然保护区水循环过程，建立水循环模型，连通湿地水系，为生态补水提供科学依据。通过开展潮滩盐地碱蓬恢复、互花米草防控研究，促进黄河三角洲新淤地功能的改善、鸟类栖息觅食环境的提升及滩涂景观的打造。

4. 加大宣传力度，保护野生鸟类

充分利用网络、媒体、影视等渠道，广泛普及鸟类保护知识，宣传生态保护理念，提高公众对鸟类保护的意识。大力提倡和支持环保组织和其他社会团体开展与湿地保护相关的活动，特别是加强群众性的湿地保护科普活动，推动全社会共同保护湿地和鸟类的氛围的形成。

第二节　黄渤海迁徙水鸟同步调查

鸻鹬类是广泛分布于世界各地，栖息于内陆或沿海水陆交汇的滩涂湿地环境，是涉水生活的水鸟，全世界约54属220余种，广布世界各地，中国约31属76种。估计种群数量3万～500万只。鸻鹬类大多生活在沿海滩涂及内陆湖泊。中国鸻鹬类的迁徙基本是南北走向，东亚—澳大利西亚迁徙路线的鸻鹬类65种，其中80%总数超过500万只于迁徙途中经过中国东南沿海。自然保护区是监测东亚—澳大利西亚通道鸟类迁徙动态的主要监测点之一。

2017年，自然保护区继续开展黄渤海北迁期水鸟同步调查工作，分析水鸟种群数量、分布的变化，掌握水鸟栖息地的现状及变化。

一、调查时间及区域

调查时间：2017年4月21 ～ 30日。

调查区域：自然保护区及周边滩涂湿地。

二、调查方法

采样直接计数法记录调查自然保护区滩涂区水鸟的种类、数量和分布。主要调查工具有Kowa 8×40双筒望远镜、SWAROVSKI SLC 20～60倍单筒望远镜、GPS、照相机、鸟类图鉴等。

鸟类优势度分析方法

优势种公式：$T_i=N_i/N$

式中：N_i为群落中第i种物种的个数；N为群落中总的个数；$T_i \geq 10\%$的物种定为极优势种，$1\% \leq T_i < 10\%$为优势种，$0.1\% \leq T_i < 1\%$的为常见种，$0.01\% \leq T_i < 0.1\%$为稀有种，$T_i < 0.01\%$为偶见种。

三、调查结果

（一）鸟类种类及数量分析

2017年4月21～30日，调查记录到鸟类8目17科39属86种167991只，占自然保护区鸟类种类的23.4%，详见表3-2。其中国家二级保护鸟类有白琵鹭、小青脚鹬、疣鼻天鹅、大天鹅、灰鹤、灰背隼6种，国家一级保护鸟类有东方白鹳、白鹤、丹顶鹤、遗鸥4种，白鹤、大杓鹬为世界自然保护联盟极危物种，丹顶鹤、东方白鹳、大滨鹬为世界自然保护联盟濒危物种，黑嘴鸥为易危物种。山东省级保护鸟类有白腰杓鹬、蛎鹬、反嘴鹬、凤头䴙䴘、普通鸬鹚、苍鹭、草鹭、绿鹭、大白鹭、白鹭、牛背鹭、灰雁、赤膀鸭、针尾鸭、普通秋沙鸭、鸥嘴噪鸥、红嘴巨鸥17种。

表 3-2　2017 年黄河三角洲水鸟调查的种类

	中文名	拉丁学名	目	科	属	居留型	保护等级	省级保护	数量
1	黑尾塍鹬	*Limosa limosa*	鸻形目	丘鹬科	塍鹬属	旅鸟			10265
2	斑尾塍鹬	*Limosa lapponica*	鸻形目	丘鹬科	塍鹬属	旅鸟			272
3	中杓鹬	*Numenius phaeopus*	鸻形目	丘鹬科	杓鹬属	旅鸟			13396
4	白腰杓鹬	*Numenius arquata*	鸻形目	丘鹬科	杓鹬属	旅鸟		✓	1768
5	大杓鹬	*Numenius madagascariensis*	鸻形目	丘鹬科	杓鹬属	旅鸟			11247
6	鹤鹬	*Tringa erythropus*	鸻形目	丘鹬科	鹬属	旅鸟			145
7	红脚鹬	*Tringa totanus*	鸻形目	丘鹬科	鹬属	旅鸟			68
8	泽鹬	*Tringa stagnatilis*	鸻形目	丘鹬科	鹬属	旅鸟			260
9	小青脚鹬	*Tringa guttifer*	鸻形目	丘鹬科	鹬属	旅鸟	Ⅱ		1
10	青脚鹬	*Tringa nebularia*	鸻形目	丘鹬科	鹬属	旅鸟			133
11	林鹬	*Tringa glareola*	鸻形目	丘鹬科	鹬属	旅鸟			16
12	白腰草鹬	*Tringa ochropus*	鸻形目	丘鹬科	鹬属	旅鸟			17
13	翘嘴鹬	*Xenus cinereus*	鸻形目	丘鹬科	翘嘴鹬属	旅鸟			7
14	矶鹬	*Actitis hypoleucos*	鸻形目	丘鹬科	矶鹬属	旅鸟			32
15	大滨鹬	*Calidris tenuirostris*	鸻形目	丘鹬科	滨鹬属	旅鸟			6020
16	红腹滨鹬	*Calidris canutus*	鸻形目	丘鹬科	滨鹬属	旅鸟			3363
17	黑腹滨鹬	*Calidris alpina*	鸻形目	丘鹬科	滨鹬属	旅鸟			34061
18	三趾滨鹬	*Calidris alba*	鸻形目	丘鹬科	滨鹬属	旅鸟			2
19	蛎鹬	*Haematopus ostralegus*	鸻形目	蛎鹬科	蛎鹬属	夏候鸟		✓	122
20	黑翅长脚鹬	*Himantopus himantopus*	鸻形目	反嘴鹬科	长脚鹬属	夏候鸟			1302
21	反嘴鹬	*Recurvirostra avosetta*	鸻形目	反嘴鹬科	反嘴鹬属	夏候鸟		✓	4288
22	金斑鸻	*Pluvialis fulva*	鸻形目	鸻科	斑鸻属	旅鸟			500
23	灰斑鸻	*Pluvialis squatarola*	鸻形目	鸻科	斑鸻属	旅鸟			11936
24	环颈鸻	*Charadrius alexandrinus*	鸻形目	鸻科	鸻属	夏候鸟			4241

（续）

	中文名	拉丁学名	目	科	属	居留型	保护等级	省级保护	数量
25	蒙古沙	*Charadrius mongolus*	鸻形目	鸻科	鸻属	旅鸟			524
26	凤头麦鸡	*Vanellus vanellus*	鸻形目	鸻科	麦鸡属	旅鸟			120
27	金眶鸻	*Charadrius dubius*	鸻形目	鸻科	鸻属	夏候鸟			320
28	孤沙锥	*Gallinago solitaria*	鸻形目	鹬科	沙锥属	旅鸟			3
29	扇尾沙锥	*Gallinago megala*	鸻形目	鹬科	沙锥属	旅鸟			1
30	大沙锥	*Gallinago gallinago*	鸻形目	鹬科	沙锥属	旅鸟			8
31	小鸊鷉	*Tachybaptus ruficollis*	鸊鷉目	鸊鷉科	小鸊鷉属	留鸟			113
32	凤头鸊鷉	*Podiceps grisegena*	鸊鷉目	鸊鷉科	鸊鷉属	旅鸟		√	199
33	普通鸬鹚	*Phalacrocorax carbo*	鹈形目	鸬鹚科	鸬鹚属	旅鸟		√	4515
34	大麻鳽	*Botaurus stellaris*	鹳形目	鹭科	鹭属	留鸟			3
35	黄苇鳽	*Ixobrychus sinensis*	鹳形目	鹭科	鹭属	夏候鸟			12
36	苍鹭	*Ardea cinerea*	鹳形目	鹭科	鹭属	留鸟		√	236
37	草鹭	*Ardea purpurea*	鹳形目	鹭科	鹭属	夏候鸟		√	23
38	池鹭	*Ardeola bacchus*	鹳形目	鹭科	池鹭属	夏候鸟			4
39	绿鹭	*Butorides striatus*	鹳形目	鹭科	绿鹭属	夏候鸟		√	12
40	黄嘴白鹭	*Egretta eulophotes*	鹳形目	鹭科	鹭属	旅鸟			2
41	大白鹭	*Egretta alba*	鹳形目	鹭科	鹭属	夏候鸟		√	213
42	中白鹭	*Mesophoyx intermedia*	鹳形目	鹭科	鹭属	旅鸟			306
43	白鹭	*Egretta garzetta*	鹳形目	鹭科	白鹭属	夏候鸟		√	204
44	牛背鹭	*Bubulcus ibis*	鹳形目	鹭科	牛背鹭属	夏候鸟		√	10
45	夜鹭	*Nycticorax nycticorax*	鹳形目	鹭科	夜鹭属	夏候鸟			314
46	东方白鹳	*Ciconia boyciana*	鹳形目	鹳科	鹳属	夏候鸟	I		307
47	白琵鹭	*Platalea leucorodia*	鹳形目	鹮科	琵鹭属	旅鸟	II		212
48	疣鼻天鹅	*Cygnus olor*	雁形目	鸭科	雁属	冬候鸟	II		4
49	大天鹅	*Cygnus cygnus*	雁形目	鸭科	雁属	冬候鸟	II		1

（续）

	中文名	拉丁学名	目	科	属	居留型	保护等级	省级保护	数量
50	豆雁	*Anser fabalis*	雁形目	鸭科	雁属	冬候鸟			36
51	灰雁	*Anser anser*	雁形目	鸭科	雁属	冬候鸟		✓	197
52	赤麻鸭	*Tadorna ferruginea*	雁形目	鸭科	麻鸭属	旅鸟			102
53	翘鼻麻鸭	*Tadorna tadorna*	雁形目	鸭科	麻鸭属	旅鸟			624
54	赤膀鸭	*Anas strepera*	雁形目	鸭科	鸭属	冬候鸟		✓	24
55	罗纹鸭	*Anas falcata*	雁形目	鸭科	鸭属	冬候鸟			6
56	绿翅鸭	*Anas crecca*	雁形目	鸭科	鸭属	冬候鸟			26
57	绿头鸭	*Anas platyrhynchos*	雁形目	鸭科	鸭属	留鸟			61
58	白眉鸭	*Anas querquedula*	雁形目	鸭科	鸭属	冬候鸟			33
59	斑嘴鸭	*Anas poecilorhyncha*	雁形目	鸭科	鸭属	留鸟			2246
60	针尾鸭	*Anas acuta*	雁形目	鸭科	鸭属	冬候鸟		✓	36
61	琵嘴鸭	*Anas clypeata*	雁形目	鸭科	鸭属	旅鸟			79
62	赤嘴潜鸭	*Netta rufina*	雁形目	鸭科	鸭属	旅鸟			11
63	红头潜鸭	*Aythya ferina*	雁形目	鸭科	鸭属	旅鸟			30
64	白眼潜鸭	*Aythya nyroca*	雁形目	鸭科	潜鸭属	旅鸟			27
65	鹊鸭	*Bucephala clangula*	雁形目	鸭科	鹊鸭属	旅鸟			3
66	白秋沙鸭	*Mergellus albellus*	雁形目	鸭科	秋沙鸭属	冬候鸟			140
67	普通秋沙鸭	*Mergus merganser*	雁形目	鸭科	秋沙鸭属	冬候鸟		✓	6
68	白鹤	*Grus leucogeranus*	鹤形目	鹤科	鹤属	旅鸟	I		12
69	灰鹤	*Grus grus*	鹤形目	鹤科	鹤属	冬候鸟	II		3
70	丹顶鹤	*Grus japonensis*	鹤形目	鹤科	鹤属	冬候鸟	I		3
71	骨顶鸡	*Fulica atra*	鹤形目	秧鸡科	骨顶属	留鸟			1970
72	黑尾鸥	*Larus crassirostris*	鸻形目	鸥科	鸥属	冬候鸟			48
73	普通海鸥	*Larus canus*	鸻形目	鸥科	鸥属	冬候鸟			383
74	西伯利亚银鸥	*Larus vegae*	鸻形目	鸥科	鸥属	冬候鸟			240
75	红嘴鸥	*Larus ridibundus*	鸻形目	鸥科	鸥属	冬候鸟			1475
76	黑嘴鸥	*Larus saundersi*	鸻形目	鸥科	鸥属	夏候鸟			5977

（续）

	中文名	拉丁学名	目	科	属	居留型	保护等级	省级保护	数量
77	遗鸥	*Larus relictus*	鸻形目	鸥科	鸥属	旅鸟	I		794
78	灰背鸥	*Larus schistisagus*	鸻形目	鸥科	鸥属	冬候鸟			97
79	鸥嘴噪鸥	*Gelochelidon nilotica*	鸻形目	燕鸥科	噪鸥属	夏候鸟		✓	3250
80	红嘴巨鸥	*Hydroprogne caspia*	鸻形目	燕鸥科	巨鸥属	旅鸟		✓	193
81	普通燕鸥	*Sterna hirundo*	鸻形目	燕鸥科	燕鸥属	夏候鸟			1092
82	白额燕鸥	*Sterna albifrons*	鸻形目	燕鸥科	燕鸥属	夏候鸟			96
83	灰翅浮鸥	*Chlidonias hybridus*	鸻形目	燕鸥科	浮鸥属	夏候鸟			2
84	白翅浮鸥	*Chlidonias leucopterus*	鸻形目	燕鸥科	浮鸥属	夏候鸟			514
85	普通翠鸟	*Alcedo atthis*	佛法僧目	翠鸟科	翠鸟属	留鸟			2
86	灰背隼	*Falco columbarius*	隼形目	隼科	隼属	旅鸟	II		1
	未识别鸟类								37024
	合计								167991

从记录鸟类种类和数量看，以鸻形目鸟类种类最多，达 43 种，占鸟类种数的 50.0%；其次为雁形目，共 20 种，占鸟类种数的 23.3%；以下依次为鹳形目 14 种、鹤形目 4 种、鹛鹏目 2 种、鹈形目 1 种、佛法僧目 1 种、隼形目 1 种（图 3-5）。

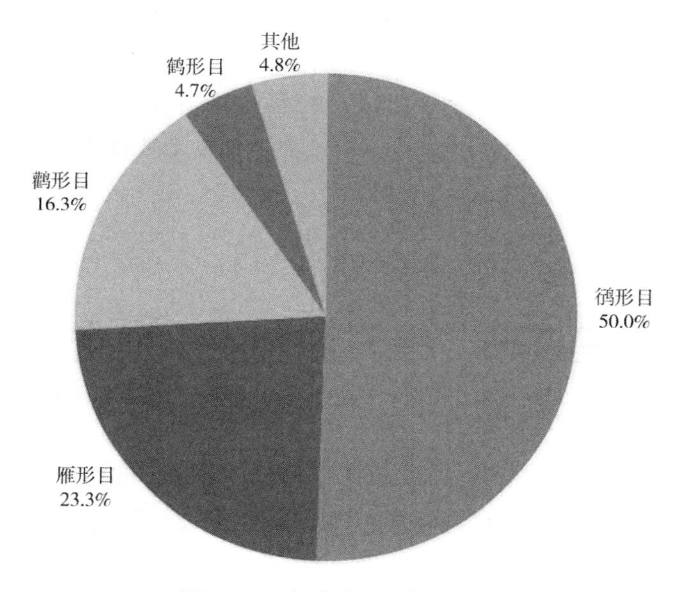

图 3-5　鸟类各目种类比例

从鸟类数量上看，在统计鸟类中，鸻形目鸟类占绝大多数，共计 155599 只，占鸟类总数的 92.62%，鹈形目鸟类 4515 只，占 2.69%，雁形目鸟类 3716 只，占 2.21%，鹤形目鸟类 1988 只，占 1.18%，鹳形目鸟类 1858 只，占 1.11%，鹛鹏目、佛法僧目、隼形目等其他鸟类共 12 只，占 0.19%（图 3-6）。

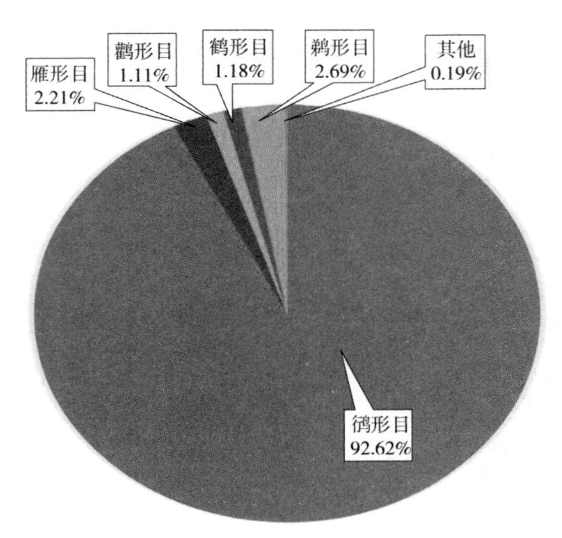

图 3-6　鸟类数量组成

（二）水鸟优势种

根据鸟类物种优势度统计结果看，在识别出来的 86 种 132664 只鸟类中，极优势种（$T_i \geqslant 10\%$）有 2 种，共计 47457 只，占全部识别鸟类总数量的 35.8%，包括中杓鹬（T_i=10.1）和黑腹滨鹬（T_i=25.67）；优势种（$10\% > T_i \geqslant 1\%$）共 14 种，共计 72561 只，占全部识别鸟类数量的 54.7%，如黑尾塍鹬、白腰杓鹬、大杓鹬、大滨鹬、红腹滨鹬、反嘴鹬、灰斑鸻、环颈鸻、普通鸬鹚、斑嘴鸭、骨顶鸡、红嘴鸥、黑嘴鸥、鸥嘴噪鸥。常见种（$1\% > T_i \geqslant 0.1\%$）共 25 种，共计 9624 只，占全部识别鸟类数量的 7.25%，如斑尾塍鹬、鹤鹬、泽鹬、青脚鹬、黑翅长脚鹬、反嘴鹬、金斑鸻、金眶鸻、蒙古沙鸻、凤头鸊鷉、苍鹭、大白鹭、中白鹭、白鹭、夜鹭、东方白鹳、白琵鹭、灰雁、翘鼻麻鸭、白秋沙鸭、普通海鸥、西伯利亚银鸥、遗鸥、红嘴巨鸥、普通燕鸥和白翅浮鸥。稀有种（$0.1\% > T_i \geqslant 0.01\%$）共 45 种，共计 1325 只，占全部识别鸟类数量的 1%，如红脚鹬、凤头麦鸡、豆雁、赤麻鸭、白鹤、灰鹤、灰背鸥、白额燕鸥等。

第三节　东方白鹳监测报告

东方白鹳是全球性濒危物种，被列入《IUCN 红色物种名录》的濒危物种，全球数量约为 3000 只。该物种的保护不仅需要保护种群自身使其延续，还有赖于对其生境的保护。

东方白鹳历史上在东北亚地区广泛分布，到了 19 世纪末期，由于俄罗斯远东及中国东北部传统繁殖区域生境破坏和栖息地丧失，及远距离迁徙能量消耗。从 2003 年开始，第一次发现有东方白鹳在黄河三角洲留居繁殖的现象，且种群数量不断增多，繁殖成功率稳步提高，已经逐渐形成了一个稳定的繁殖种群。该种群是东方白鹳在北方之外最大的繁殖种群，加强对迁徙停歇地和越冬地东方白鹳日常监测具有十分重要的意义，为濒危物种的保护和管理提供基础资料和科学管理。

一、监测方法

1. 调查路线设计

每天对东方白鹳的巢进行观察，记录东方白鹳的繁殖情况，每 2 天对保护区外建林方向的高压输电线巢进行观察。每隔 3～4 天，对整个大汶流地区进行一次全面调查，每隔 2 个月对整个保护区进行一次全面调查。

2. 数量调查

借助电动车和单筒望远镜（SWAROVSKI SLC 20～60）、双筒望远镜（Kowa 8×40），沿着上述路线进行 3～4 次调查，监测东方白鹳繁殖数量，记录不同生境中东方白鹳的数量及其活动区域内栖息地类型、数量大小、干扰因素并用 GPS（全球定位系统）进行定位。

二、监测结果

通过对近 5 年来黄河三角洲繁殖东方白鹳数量的监测统计，繁殖对数、繁殖成功对数逐年增加，繁殖成功率除 2014 年出现降低，其余年份均保持在 80% 以上，并且呈现逐渐上升的趋势（图 3-7）。

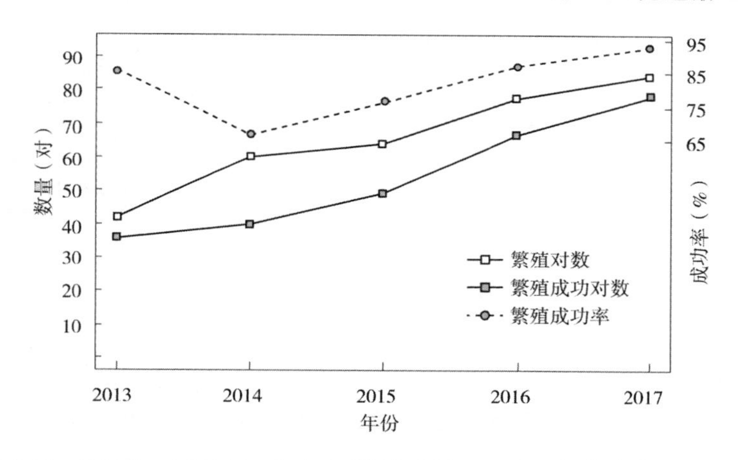

图 3-7　2013—2017 年东方白鹳繁殖数量及繁殖成功率变化趋势

大汶流管理站东方白鹳每年繁殖数量占到整个保护区东方白鹳繁殖数量的 80% 以上，繁殖成功对数和幼鸟数量每年递增。黄河口和一千二管理站除 2015 年有所降低，其余年份较为稳定。

三、原因分析

自 2002 年开始，自然保护区开始在大汶流管理站进行湿地修复工程，芦苇湿地面积逐步扩大，水域面积占到整个湿地恢复区面积的 60% 以上。生境质量的提高，加上传统繁殖地栖息地生境质量的下降，从 2003 年开始，东方白鹳开始在此区域进行营巢繁殖，繁殖数量逐年增加，繁殖成功率稳步提升。

从表 3-3、表 3-4 可以看出，大汶流的东方白鹳繁殖数量和繁殖幼鸟数逐年增多。从表 3-5 可以看出，大汶流辖区内，利用电线杆巢和人工招引杆巢进行繁殖的东方白鹳数量增长逐渐放缓，利用高压输电线塔巢繁殖的东方白鹳数量开始逐年增加。这可能由于该区域没有高大乔木为东方白鹳提供营巢巢基，东方白鹳只能选择电线杆、人工招引杆和高压输电线塔这些高大建筑物进行营巢。湿地恢复区内的电线杆巢和人工招引巢周边水域面积较大，干扰程度较低，为东方白鹳繁殖提供良好的外部环境，又因为东方白鹳有集中营巢的现象，利用电线杆巢和人工招引杆巢进行营巢繁殖的东方白鹳数量逐年增多，但由于电线杆和人工招引杆数量一定，随着越来越多的东方白鹳来此繁殖，潜在能够为东方白鹳提供营巢机会的电线杆和人工招引杆数量逐渐减少，东方白鹳面对逐渐饱和的湿地水域，开始向保护区外围的实验区转移，选择实验区路边的高压输电线塔进行营巢繁殖。

表 3-3　2013—2017 年各管理站东方白鹳繁殖成功对数

单位：对

	2013	2014	2015	2016	2017
大汶流	29	27	44	51	57
黄河口	7	5	2	7	8
一千二	0	8	3	8	8

表 3-4　2013—2017 年各管理站东方白鹳繁殖幼鸟数量

单位：只

	2013	2014	2015	2016	2017
大汶流	97	87	137	161	194
黄河口	17	12	4	17	28
一千二	0	10	6	18	26

表 3-5　2013—2017 年大汶流管理站东方白鹳不同类型巢址数量变化

单位：个

	2013	2014	2015	2016	2017
电线杆巢	21	24	30	37	36
人工招引杆巢	8	2	11	10	14
高压输电线塔巢	0	0	3	4	7

四、下一步措施

1. 增加大汶流管理站人工招引杆的数目，对倾斜、损坏的人工巢进行修缮和加固，此外在保护区外围已经利用的高压输电线塔巢周边树立一些高度较高的人工招引杆。

2. 由于该地区在每年春天都会出现“风潮”现象，对东方白鹳营巢有较大影响，保护区应协同电力部门，检查电线杆的牢固性并对巢进行人为加固。

3. 在东方白鹳繁殖期间，尽可能降低人为干扰对东方白鹳繁殖的影响。由于电线杆巢离马路较近，对进入保护区车要求降低车速、禁止鸣笛。同时也要合理安排芦苇收割时间，尽可能错开东方白鹳繁殖初期，降低收割芦苇对繁殖的影响。

4. 进一步加强对偷盗鱼类资源行为的打击。在东方白鹳育雏期，加强对巢周边的日常巡护，对发现从巢掉落下来的幼鸟第一时间进行救助，对黄河口和一千二管理站选择适当区域实施湿地恢复工程。

第四节　黑嘴鸥繁殖调查报告

黑嘴鸥为世界易危鸟类，全球种群数量约为 14000 只，为中国东部特有的繁殖鸟，越冬分布于南部沿海和日本南部沿海。自 1990 年首次在黄河三角洲发现黑嘴鸥以来，自然保护区积极同国内外专家及相关单位、组织开展黑嘴鸥研究合作项目，调查研究黑嘴鸥在保护区内的数量、分布、繁殖习性及黑嘴鸥的环志等工作。

在迁徙期的野外调查发现，自然保护区及周边沿海均有黑嘴鸥分布，数量集中区域主要分布在人工河口、清水沟流路黄河口、刁口河河口、大汶流沟、十五万亩湿地恢复区等区域内，这些区域为生物多样性较为丰富的河口区域及近海滩涂。

黑嘴鸥的栖息生境为在大潮能淹没的分布有碱蓬的潮间带、潮沟两岸、河口区，少量会飞到距滩涂较远的有淡水的沼泽、池塘中。

一、调查方法

根据黑嘴鸥的生态习性，踏查其栖息繁殖地，采取野外直接观察法，借助单筒望远镜识别种类、双筒望远镜统计数量。

二、调查结果

2017 年，自然保护区黑嘴鸥繁殖地主要有 3 处（图 3-8），分别是一千二管理站湿地恢复区、大汶流管理站湿地恢复区繁殖岛、黄河口管理站湿地恢复区。

图 3-8　2017 年自然保护区黑嘴鸥繁殖区位置图

截至黑嘴鸥繁殖期结束，自然保护区共有 4626 只黑嘴鸥参与繁殖，共营巢 2313 个。其中一千二管理站湿地恢复区，营巢 1224 个；大汶流管理站湿地恢复区繁殖岛，营巢 1062 个；黄河口管理站湿地恢复区，营巢 27 个。科研人员联合全国鸟类环志中心一同环志 27 只黑嘴鸥成鸟。

2016 年，受“10 · 22”风暴潮侵袭，一千二管理站湿地恢复区防潮坝决口、隔坝损毁、引水闸破损，黑嘴鸥繁殖区遭受了潮汐的侵害。为保证区域内黑嘴鸥的安全，自然保护区及时实施了湿地恢复区堤坝修复工程，对损害的设施进行修复，并提高其防潮标准。同时，自然保护区对黑嘴鸥繁殖地地势较高区域分布密集的盐地碱蓬实施机械收割、碾压等清理措施，为黑嘴鸥筑巢繁殖创造安全的空间，2017 年黑嘴鸥繁殖种群数量仍达到 2448 只（图 3-9）。未来几年，通过开展一系列黑嘴鸥繁殖地的保护与改善措施，黑嘴鸥繁殖种群数量有望恢复并持续增加。

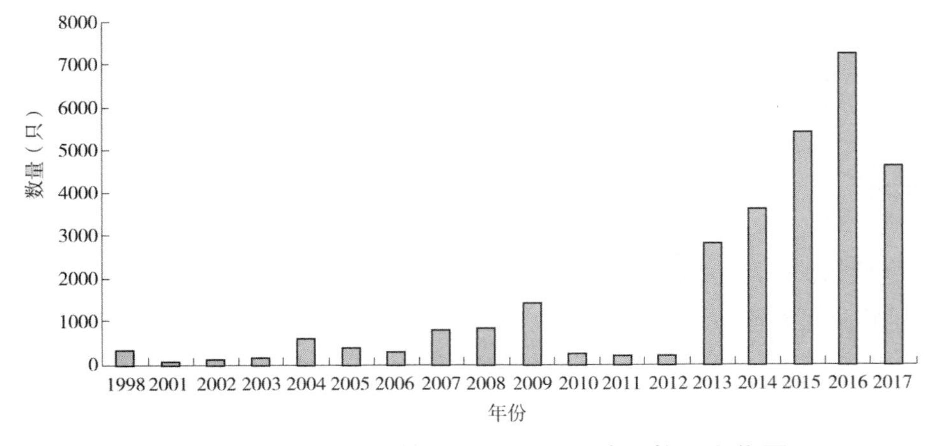

图 3-9　历年自然保护区黑嘴鸥繁殖种群数量变化图

第五节　越冬鹤类调查

一、调查时间

2018 年 1 月 15 日。

二、调查方法

根据鹤类种群数量、食性及分布特征，自然保护区巡护监测人员开展同步调查，对保护区内采用直数法记录越冬鹤类数量。采用固定巡护路线巡护法及重点区域实地踏查方式，调查鹤类越冬数量及栖息地分布状况。借助单筒望远镜（SWAROVSKI STS 80HD）识别种类，双筒望远镜（Kowa BD 8 × 42）统计数量，用 GPS（Garmin Oregon 550）记录发现鹤类地点。

三、调查结果

（一）越冬鹤类

1. 种群数量和分布

调查显示，2017 年度在自然保护区内越冬的鹤类有丹顶鹤、白头鹤、白鹤、白枕鹤、灰鹤 5 种鹤类。其中，丹顶鹤越冬数量达 48 只，白头鹤 8 只，白鹤 6 只，白枕鹤 2 只，灰鹤 2231 只，数量均较稳定（图 3-10）。鹤类总数达到 2295 只，占全部越冬鸟类的 11%。

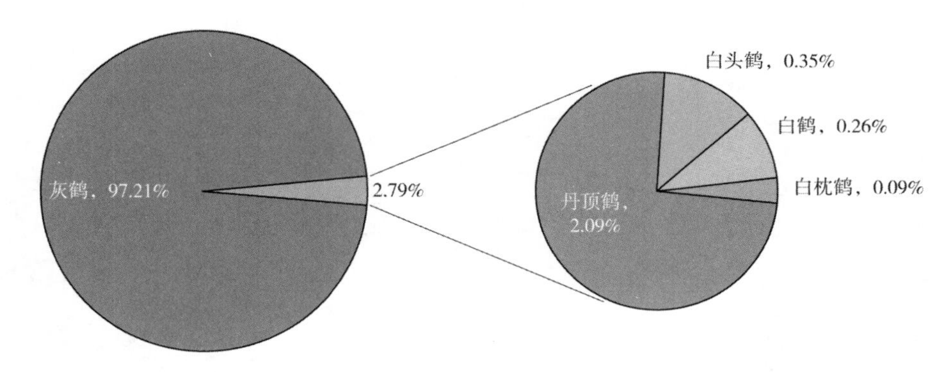

图 3-10　2017—2018 年越冬鹤类种类所占比例

越冬鹤类白天主要在稻田、麦地等取食冬小麦苗、水稻粒等植物性食物，也有一些丹顶鹤在滨海滩涂取食天津厚蟹等动物性食物。夜间丹顶鹤和灰鹤主要栖息在人为干扰少、安全性较好的湿地恢复区和浅海的滩涂区。

2. 各管理站越冬鹤类比较

各管理站越冬鹤类种类和数量分布见图 3-11，种类和数量最多的是黄河口管理站，为 4 种 1274 只，包括丹顶鹤 23 只，白鹤 2 只，白枕鹤 2 只，灰鹤 1247 只；大汶流和一千二管理站的越冬鹤类种数相同，都是 3 种，但种类不同。大汶流管理站丹顶鹤数量最多，为 25 只，另有白头鹤 3 只，灰鹤 568 只；一千二管理站本次未发现丹顶鹤，可能与天气、调查区域等因素有关，只发现白头鹤 5 只，白鹤 4 只，灰鹤 461 只。

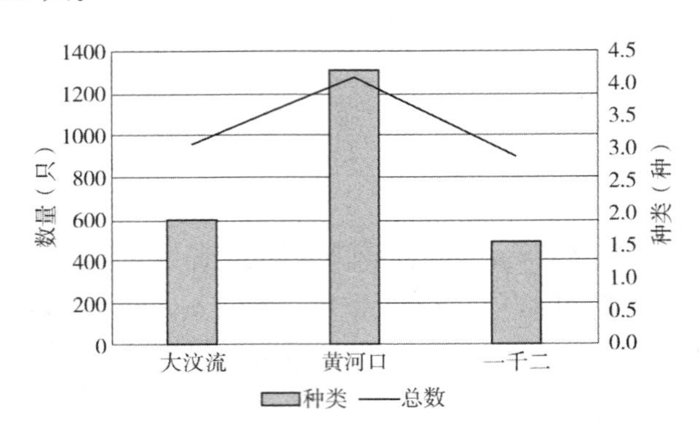

图 3-11　各管理站越冬鹤类种类和数量比较

（二）其他越冬鸟类种群数量

除鹤类外，其他越冬的鸟类种类有 34 种，总数量达 20863 只，较往年略显减少。越冬鸟类以雁鸭类居多，其中，豆雁数量达 6989 只，天鹅数量达 512 只，且疣鼻天鹅的数量达到 245 只，另有绿头鸭、针尾鸭、赤麻鸭、普通秋沙鸭等鸭类在此越冬。

各管理站范围内越冬鸟类总数分布情况见图 3-12，鸟类种类和数量最多的是黄河口管理站，为 28 种 7930 只；其次是大汶流管理站，为 22 种 6753 只；最少的是一千二管理站，为 13 种 6180 只。

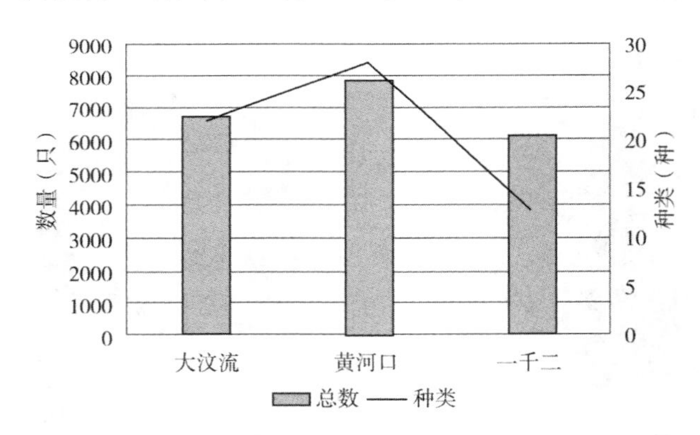

图 3-12　各管理站越冬鸟类种类和数量比较

随着自然保护区湿地恢复工程、关键物种栖息地营造优化工程、鸟类补食区工程等系列保护管理工作的开展，尤其是实施土地用途管制和滩涂区禁止渔业生产活动等措施，自然保护区及周边小麦、水稻、玉米等农作物的面积有所增加，较好地保证了越冬期鸟类特别是鹤类对浅水湿地的需要和食物保障，使每年在此越冬的鹤类均保持稳定数量。

第二章 昆虫调查

2017 年度，分别于 2017 年度 5 月和 8 月对自然保护区昆虫继续进行了普查，主要针对栽培作物害虫进行普查。下半年主要进行种类鉴定。

一、调查时间与频度

2017 年 5 月和 8 月各进行 1 次，每次 3～5 天。

二、调查方法

（一）昆虫调查

1. 踏查

各调查点踏查半天，主要网捕，针对杂草和灌木中的昆虫进行采集调查，每次调查中，每种大面积分布植被，网捕 100 网以上分布不广泛的植株，有针对性的进行网扫。采集标本并拍摄照片或影像资料，带回实验室鉴定整理。

2. 诱虫灯调查

在大汶流、黄河口和一千二管理站的栽培作物、苗圃等典型植被区设立太阳能诱虫、杀虫灯。每日傍晚，在收集箱中滴加乙酸乙酯，每天早上收集所诱集的害虫，装入塑料盒，标注日期，放在冰箱中冷冻保存，定期带回学校进行鉴定统计。

3. 引诱剂调查

在大汶流、黄河口和一千二管理站的栽培作物、苗圃等植被区利用昆虫对气味的趋性可使用糖醋液诱集法，对于鳞翅目及鞘翅目害虫的预测预报有很好的作用。糖醋液可以使用醋：糖：酒：水＝4：3：2：1 的比例配制，放入瓶中悬挂于树枝上或埋于林下土中，瓶口与地面平齐。每日清晨回收一次。

三、调查鉴定结果

表 3-6 自然保护区昆虫名录（截至 2017 年 12 月）

目	科	种	拉丁学名
半翅目	菱蜡蝉科	白点冠脊菱蜡蝉	*Oecleopsis* sp.
	杯瓢蜡蝉科	山东杯瓢蜡蝉	*Caliscelis shandongensis* Chen，Zhang et Chang
	飞虱科	大斑飞虱	*Eulies speciosa* (Bohemen)
	飞虱科	灰飞虱	*Laodelphax striatellus* (Fallén)
	象蜡蝉科	博瑞象蜡蝉	*Raivuna patruelis* (Stål)
	叶蝉科	大青叶蝉	*Cicadella viridis* (Linn.)
	叶蝉科	桃一点叶蝉	*Singapora shinshana* (Matsumura)
	叶蝉科	新县长突叶蝉	*Batracomorphus xinxianensis* (Cai et Shen)
	叶蝉科	条沙叶蝉	*Psammotettix striatus* (Linn.)
	黾蝽科	圆臀大黾蝽	*Aquarius paludum* (Fabricius)
	盲蝽科	北京异盲蝽	*Polymerus pekinensis* (Horváth)
	盲蝽科	条赤须盲蝽	*Trigonotylus coelestialium* (Kirkaldy)
	盲蝽科	小欧盲蝽	*Europiella artemisiae* (Becker)
	盲蝽科	三点盲蝽	*Adelphocoris fasciaticollis* Reuter
	盲蝽科	柽柳褐胸盲蝽	*Adelphocoris* sp.
	盲蝽科	柽柳小盲蝽	*Apolygus* sp.
	盲蝽科	绿盲蝽	*Apolygus lucorum* (Meyer-Dür.)
	盲蝽科	三点盲蝽	*Adelphocoris fasciaticollis* Reuter
	盲蝽科	中黑盲蝽	*Adelphocoris suturalis* Jakovlev
	盲蝽科	斑异盲蝽	*Polymerus unifasciatus* (Fabricius)
	网蝽科	菊被脊网蝽	*Galeatus spinifrons* (Fallen)
	姬蝽科	华姬蝽	*Nabis sinoferus* Hsiao
	花蝽科	微小花蝽	*Orius minuius* Linnaeus

（续）

目	科	种	拉丁学名
半翅目	花蝽科	东亚小花蝽	*Orius sauteri* Zheng
	长蝽科	大眼长蝽	*Geocoris pallidipennis* (Costa)
	长蝽科	红脊长蝽	*Tropidothoras elegans* (Distant)
	长蝽科	谷小长蝽	*Nysius ericae* (Schilling)
	红蝽科	地红蝽	*Pyrrhocoris sibiricus* Kuschakewitsch
	土蝽科	黑伊土蝽	*Aethus nigritus* (Fabricius)
	土蝽科	圆阿土蝽	*Adomerus rotundus* (Hsiao)
	蝽科	横纹菜蝽	*Eurydema gebleri* Kolenati
	蚜科	白杨毛蚜	*Lipaphis erysimi* (Kalteback)
	蚜科	禾缢管蚜	*Rhopalosiphum padi* (Linn.)
	蚜科	红花指管蚜	*Uroleucon gobonis* (Matsumura)
	蚜科	胡萝卜微管蚜	*Semiaphis heraclei* (Takahashi)
	蚜科	菊小长管蚜	*Macrosiphoniella sanborni* (Gillette)
	蚜科	梨二叉蚜	*Schizaphis piricola* (Matsumura)
	蚜科	藜蚜	*Hayhurstia atriplicis* (Linn.)
	蚜科	莲缢管蚜	*Rhopalosiphum nymphaeae* (Linnaeus)
	蚜科	柳瘤大蚜	*Tuberolachnus salignus* (Gmelin)
	蚜科	柳蚜	*Aphis farinose* Gmelia
	蚜科	萝藦蚜	*Aphis asclepradis* Fitch
	蚜科	棉蚜	*Aphis gossypii* Glover
	蚜科	苹果瘤蚜	*Myzus malisuctus* (Matsumura)
	蚜科	桃粉蚜	*Hyalopterus arundimis* Fabricius
	蚜科	桃蚜	*Myzus persicae* (Sulzer)
	蚜科	莴苣指管蚜	*Uroleucon formosanum* (Takahashi)
	蚜科	绣线菊蚜	*Aphis citricola* Vander Goot
	蚜科	榆长斑蚜	*Tinocallis saltans* (Nevsky)

（续）

目	科	种	拉丁学名
半翅目	蚜科	月季长管蚜	*Macrosiphum rosirvorum* Zhang
	蚜科	萝卜蚜	*Lipaphis erysimi* (Kaltenbach)
	粉虱科	温室白粉虱	*Trialeurodes vaporariorum* (Westwood)
	粉虱科	烟粉虱	*Bemisia tabaci* (Gennadius)
	蝉科	蟪蛄	*Platypleura kaempferi* (Fabricius)
	蝽科	桑树岱蝽	*Dalpada* sp.
	蝽科	斑须蝽	*Dolycoris baccarum* (Linn.)
	蝽科	茶翅蝽	*Halyomorpha halys* (Stål)
	蝽科	麻皮蝽	*Eibrthesina fulloi* (Thunberg)
	蝽科	珀蝽	*Plautia fimbriata* (Fabricius)
	蝽科	全蝽	*Homalogonia obtusa* (Walker)
	蝽科	蚱蝉	*Cryptotympana atrata* (Fabricius)
	盾蝽科	赤条蝽	*Graphosoma nibrolineata* Westwood
	盾蚧科	椰子栉盾蚧	*Hemiberlesis rapax* (Comstock)
	盾蚧科	柳蛎盾蚧	*Lepidosaphes salicina* Borchs
	盾蚧科	桑白蚧	*Pseudaulacaspis pentagona* (Targioni Tozzetti)
	盾蚧科	杨圆蚧	*Quadraspidiotus gigas* (Thiem et Gerneck)
	粉蚧科	柽柳粉蚧	*Pseudococcus* sp.
	蚧科	东方盔甲蚧	*Parthenolecanium corni* (Bouche)
	蚧科	日本龟蜡蚧	*Ceroplastes japonicas* Guaind
	蚧科	柳树绵蜡蚧	*Eupulvinaria salicicola* Borchaeniua
	蜡蝉科	斑衣蜡蝉	*Lycorma delicatula* (White)
	绵蚜科	杨叶柄瘿绵蚜	*Pemphigus matsumurai* Monzen
	绵蚜科	白蜡树卷叶绵蚜	*Prociphilus fraxinifolii* (Riley)
	绵蚜科	秋四脉绵蚜	*Tetraneura ulmi* (Linnaeus)
	木虱科	合欢木虱	*Acizzia jamatonnica* (Kuwayama)

（续）

目	科	种	拉丁学名
半翅目	木虱科	柳线角个木虱	*Eubactericera myohyangi* (Klimaszewski)
	网蝽科	柳膜肩网蝽	*Hegesidemus habras* Drake
	网蝽科	悬铃木方翅网蝽	*Platanus occidentalis* Linn.
	蚜科	花生蚜	*Aphis medicaginis* Koch
	叶蝉科	柽柳小叶蝉	*Tamaricella fuscula* Cai
	叶蝉科	柳叶蝉	*Cicadella* sp.
	叶蝉科	柽柳褐尾叶蝉	*Opsius stactogalus* Fieber
	叶蝉科	榆叶蝉（塞绿叶蝉）	*Kyboasca sexevidens* Dlabola
	叶蝉科	假眼小绿叶蝉	*Empoasca vitis* (Gothe)
	缘蝽科	点蜂缘蝽	*Riptortus pedestris* (Fabricius)
鳞翅目	卷蛾科	麻小食心虫	*Grapholita delineana* (Walker)
	卷蛾科	桃小食心虫	*Carposina niponensis* Walsingham
	谷蛾科	刺槐谷蛾	*Hapsifera barbata* (Christoph)
	尺蛾科	紫线尺蛾	*Timandra recompta* (Prout)
	尺蛾科	萝藦艳青尺蛾	*Agathia carissima* Bulter
	尺蛾科	灰蝶尺蛾	*Narraga fasciolaria* (Hufnagel)
	螟蛾科	白点暗野螟	*Bradina atopalis* (Walker)
	螟蛾科	稻纵卷叶螟	*Cnapha locrocismedinalis* Guenee
	螟蛾科	金黄螟	*Pyralis regalis* Denis et Schiffermüller
	螟蛾科	白缘苇野螟	*Sclerocona acutella* (Eversmann)
	螟蛾科	麦牧野螟	*Nomophila noctuella* (Denis et Schiffermüller)
	螟蛾科	黄纹髓草螟	*Calamotropha paludella* (Hübner)
	螟蛾科	印度谷螟	*Plodia interpunctella* (Hübner)
	舟蛾科	角翅舟蛾	*Gonoclostera timoniorum* (Bremer)
	夜蛾科	苣冬夜蛾	*Cucullia fraterna* Butler
	夜蛾科	银纹夜蛾	*Ctenoplusia agnata* (Staudinger)

（续）

目	科	种	拉丁学名
鳞翅目	夜蛾科	斜纹夜蛾	*Spodoptera litura* (Fabricius)
	夜蛾科	白斑孔夜蛾	*Corgatha costimacula* (Staudinger)
	夜蛾科	窄肾长须夜蛾	*Herminia stramentacealis* Bremer
	夜蛾科	宽胫夜蛾	*Schinia scutosa* (Goeze)
	夜蛾科	乏夜蛾	*Niphonyx segregata* (Butler)
	夜蛾科	陌夜蛾	*Trachae atriplicis* (Linn.)
	夜蛾科	旋幽夜蛾	*Hadula trifolii* (Hufnagel)
	灰蝶科	豆灰蝶	*Plebejus argus* Linnaeus
	粉蝶科	云粉蝶	*Pontia edusa* (Fabricius)
	粉蝶科	菜粉蝶	*Pieris rapae* Linn.
	粉蝶科	斑缘豆粉蝶	*Colias erate* Esp.
	弄蝶科	直纹稻弄蝶	*Parnara guttata* (Bremer et Grey)
	麦娥科	菜柽麦蛾	*Ornativalva plutelliformis* (Staudinger)
	豹蠹蛾科	咖啡豹蠹蛾	*Zeuzera coffeae* Nietner
	巢蛾科	榆棱巢蛾	*Bucculatrix* sp.
	尺蛾科	刺槐外斑尺蠖	*Ectropis excellens* Butler
	尺蛾科	小艾尺蠖	*Ectropis obliqua* Prout
	尺蛾科	折无缰青尺蛾	*Hemistola zimmermanni* (Hedemann)
	尺蛾科	小花尺蠖	*Eupithecia* sp.
	尺蛾科	国槐尺蠖	*Semiothisa cmerearia* (Bremer et Grey)
	尺蛾科	大造桥虫	*Ascotis selenaria* Schiffermuller et Denis
	尺蛾科	桑褶翅尺蛾	*Zamacra excavata* Dyar
	尺蛾科	丝棉木金星尺蛾	*Calospilos suspecta* Warren
	尺蛾科	春尺蠖	*Apocheima cinerarius* Ershoff
	刺蛾科	扁刺蛾	*Thosea sinensis* (Walker)
	刺蛾科	褐边绿刺蛾	*Latoia consocia* Walker

（续）

目	科	种	拉丁学名
鳞翅目	刺蛾科	黄刺蛾	*Cnidocampa flavescens* (Walker)
	刺蛾科	双齿绿刺蛾	*Latoia hilarata* Staudinger
	灯蛾科	黄臀灯蛾	*Epatolomis caesarea* (Goeze)
	灯蛾科	美国白蛾	*Hyphantria cunea* (Drury)
	毒蛾科	杨雪毒蛾	*Stilpnotia candida* Staudinger
	毒蛾科	古毒蛾	*Orgyia antiqua* (Linnaeus)
	毒蛾科	盗毒蛾	*Porthesia similis* (Fueazly)
	毒蛾科	柳雪毒蛾	*Stilprotia salicis* (Linnaeus)
	蛱蝶科	大红蛱蝶	*Vanessa indica* Herbst
	蛱蝶科	柳紫闪蛱蝶	*Apatura ilia* (Denis et Schiffermuller)
	蛱蝶科	白钩蛱蝶	*Polygonia calbum* Linnaeus
	凤蝶科	花椒凤蝶	*Papilio xuthus* Linnaeus
	粉蝶科	菜粉蝶	*Pieris rapae* Linnaeus
	粉蝶科	云粉蝶	*Pontia daplidice* Linnaeus
	卷蛾科	长褐卷蛾	*Pandemis emptycta* (Meyrick)
	卷蛾科	黄斑卷叶蛾	*Acleris fimbriana* Thunberg
	卷蛾科	梨小食心虫	*Grapholitha molesta* (Busck)
	卷蛾科	弯月小卷蛾	*Saliciphaga archris* Butler
	卷蛾科	棉褐带卷蛾	*Hornona coffearia* (Meyrick)
	卷蛾科	杨柳小卷蛾	*Gypsonoma minutana* Hübner
	卷蛾科	金叶女贞卷叶蛾	*Eupoecilia ambiguella* Hübner
	卷蛾科	榆白长翅卷蛾	*Acleris ulmicola* Meyrick
	卷蛾科	枣镰翅小卷蛾	*Ancylis sativa* Liu
	卷蛾科	芽白小卷蛾（顶梢卷叶蛾）	*Spilonota lechriaspis* Meyrick
	枯叶蛾科	杨枯叶蛾	*Gastropacha populifolia* Esper
	麦蛾科	甘薯麦蛾	*Brachmia macroscopa* Meyrick

（续）

目	科	种	拉丁学名
鳞翅目	螟蛾科	大豆网丛螟	*Teliphasa elegans* (Butler)
	螟蛾科	柳阴翅斑螟	*Sciota adelphella* Fischer
	螟蛾科	细条纹野螟	*Tabidia strigiferalis* Hampson
	螟蛾科	小瘿斑螟	*Pempelia ellenella* Roesler
	螟蛾科	柽柳斑螟	*Ephestia* sp.
	螟蛾科	白蜡绢野螟	*Palpita nigropunctalis* (Bremer)
	螟蛾科	豆荚斑螟	*Etiella zinckenella* (Trietschke)
	螟蛾科	瓜绢野螟	*Diaphania indica* (Saunders)
	螟蛾科	红云翅斑螟	*Salebria semirubela* (Scpoli)
	螟蛾科	黄翅缀叶野螟	*Botyodes diniasalis* Walker
	螟蛾科	豆荚野螟	*Maruca testulalis* Geyer
	螟蛾科	棉卷叶野螟	*Sylepta derogata* Fabricius
	螟蛾科	四斑绢野螟	*Diaphania quadrimaculalis* (Bremer et Grey)
	螟蛾科	桃蛀螟	*Conogethes punctiferalis* (Guenée)
	螟蛾科	甜菜白带野螟	*Hymenia recurvalis* Fabricius
	木蠹蛾科	小线角木蠹蛾	*Holcocerus insularis* Staudinger
	木蠹蛾科	日本木蠹蛾	*Holcocerus japonicus* Gaede
	潜蛾科	旋纹潜叶蛾	*Leucoptera scitella* Zeller
	潜蛾科	杨黄斑潜叶蛾	*Phyllocnistis* sp.
	潜蛾科	银纹潜蛾	*Lyonetia prunifoliella* Hubner
	潜蛾科	桃潜叶蛾	*Lyonetia clerkella* L.
	蓑蛾科	小蓑蛾	*Cryptothelea minuscala* Butler
	蓑蛾科	洋槐蓑蛾	*Eurukuttarus nigriplaga* Wilenman
	麦蛾科	甘薯麦蛾	*Helcystogramma triannulella* (Herrich-Schäffer)
	天蚕蛾科	绿尾大蚕蛾	*Actias selene ningpoana* Felder
	天蛾科	豆天蛾	*Clanis bilineata* (Mel)

（续）

目	科	种	拉丁学名
鳞翅目	天蛾科	蓝目天蛾	*Smerinthus planusplanus* Walker
	天蛾科	霜天蛾	*Psilogramma menephron* (Gramer.)
	天蛾科	八字白眉天蛾	*Hyles lineatalivorenica* (Esper)
	天蛾科	甘薯天蛾	*Agrius convolvuli* (Linn.)
	天蛾科	小日长喙天蛾	*Macroglossum corythus luteata* (Butler)
	透翅蛾科	白杨透翅蛾	*Parathrene tabaniformis* (Rottenberg)
	细蛾科	点缘榆细蛾	*Phyllonorycter* sp.
	细蛾科	白杨小潜细蛾	*Phyllonorycter populiella* (Zeller)
	细蛾科	刺槐突瓣细蛾	*Chrysaster ostensackenella* (Fitch)
	细蛾科	柳丽细蛾	*Calloptilia chrysolampra* (Meyrick)
	细蛾科	金纹细蛾	*Lithocolletis ringoniella* Mats.
	夜蛾科	粉缘金刚钻	*Earias pudicana* Staudinger
	夜蛾科	齿美冬夜蛾	*Cirrhia tunicata* (Graeser)
	夜蛾科	果剑纹夜蛾	*Acronicta strigosa* Schiffermiiller
	夜蛾科	梨剑纹夜蛾	*Acronicta rumicis* Linn.
	夜蛾科	棉铃虫	*Helicoverpa armigera* Hübner
	夜蛾科	桃剑纹夜蛾	*Acronicta incretata* Hampson
	夜蛾科	贪夜蛾	*Spodoptera exigua* Hübner
	夜蛾科	旋皮夜蛾	*Eligma narcissus* (Cramer)
	夜蛾科	一点金刚钻	*Earias pudicana pupillana* Stauding
	夜蛾科	小地老虎	*Agrotis ypsilon* Rottemberg
	夜蛾科	庸肖毛翅夜蛾	*Thyas juno* (Dalman)
	夜蛾科	八字地老虎	*Xestia c-nigrum* (Linnaeus)
	羽蛾科	柽柳拟态虫（灰棕金羽蛾）	*Agdistis adactyla* Hübner
	羽蛾科	国槐羽蛾	未知种
	展足蛾科	桃展足蛾	*Atrijuglans hetaohei* Yang

（续）

目	科	种	拉丁学名
鳞翅目	舟蛾科	刺槐掌舟蛾	*Phalera grotei*（Moore）
	舟蛾科	黑带二尾舟蛾	*Cerura felina* Butler
	舟蛾科	杨二尾舟蛾	*Cerura menciana* Moore
	舟蛾科	杨扇舟蛾	*Clostera anachoreta* (Fabricius)
	舟蛾科	杨小舟蛾	*Micromelalopha sieversi* (Staudinger)
	祝蛾科	梅祝蛾	*Scythropiodes issikii* (Takahashi)
	菜蛾科	小菜蛾	*Plutella xylostella* (Linn.)
脉翅目	褐蛉科	全北褐蛉	*Hemerobius humuli* Linn.
	草蛉科	大草蛉	*Chrysopa pallens* (Rambur)
	草蛉科	中华通草蛉	*Chrysoperla sinica* (Tjeder)
膜翅目	姬蜂科	地老虎细颚姬蜂	*Enicospilus tournieri* (Vollenhoven)
	青蜂科	上海青蜂	*Chrysis shanghalensis* Smith
	细蜂科	刺槐叶瘿蚊广腹细蜂	*Platygaster robiniae* Buhl et Duso
	胡蜂科	马蜂	*Polistes rothneyi* Cameron
	胡蜂科	北方黄胡蜂	*Vespula rufa* (Linnaeus)
	青蜂科	上海青蜂	*Chrysis shanghalensis* Smith
	小蜂科	刺槐种子小蜂	*Bruchophagus ononis* (Mayr)
	叶蜂科	柳卷叶叶蜂	未知种
	叶蜂科	柳厚壁叶蜂	*Pontania bridgmannii* Cameron
	叶蜂科	柳蜷叶蜂	*Amauronematus saliciphagus* Wu
	叶蜂科	杨扁角叶蜂	*Stauronematus compressicornis* (Fabricius)
	叶蜂科	榆三节叶蜂	*Aproceros leucopoda* Takeuchi
	叶蜂科	麦叶蜂	*Dolerus tritici* Chu
鞘翅目	郭公甲科	窗奥郭公虫	*Opilo fenestratus* Pic
	虎甲科	云纹虎甲	*Cicindela ellisae* Motschulsky
	虎甲科	斜条虎甲	*Cylindera obliquefasciata* (M. Adams)

（续）

目	科	种	拉丁学名
鞘翅目	步甲科	麻步甲	*Carabus brandti* Faldermann
	步甲科	后斑青步甲	*Chlaenius tosticalis* Motschulsky
	步甲科	巨短胸步甲	*Amara gigantea* (Motschulsky)
	步甲科	蠋步甲	*Dolichus halensis* (Schaller)
	龙虱科	日本真龙虱	*Cybister japonicus* Sharp
	龙虱科	小雀斑龙虱	*Rhantus suturalis* (MacLeay)
	龙虱科	宽缝斑龙虱	*Hydaticus grammicus* (Germar)
	埋葬甲科	达乌里负葬甲	*Nicrophorus dauricus* Motschulsky
	隐翅甲科	曲毛瘤隐翅虫	*Ochthephilum densipenne* (Sharp)
	金龟科	锈红金龟	*Ochodaeus ferrugineus* Eschscholtz
	花金龟科	白星花金龟	*Protaetia brevitarsis* (Lewis)
	沼甲科	日本沼甲	*Scirtes japonicus* Kiesenwetter
	长泥甲科	长泥甲	*Heterocerus* sp.
	花萤科	红毛花萤	*Cantharis rufa* Linn.
	萤科	窗胸萤	*Pyrocoelia pectorallis* E. Olivier
	皮蠹科	花斑皮蠹	*Trogoderma variabile* Ballion
	露尾甲科	四斑露尾甲	*Glischrochilus* (*Librodor*) *japonicus* (Motschuluky)
	瓢甲科	红点唇瓢虫	*Chilocorus kuwanae* Silvestri
	瓢甲科	深点刻食螨瓢虫	*Stethorus punctillum Weise*
	瓢甲科	龟纹瓢虫	*Propylea japonica* (Thunberg)
	瓢甲科	十三星瓢虫	*Hippodamia tredecimpunctata* (L.)
	瓢甲科	多异瓢虫	*Hippodamia variegata* (Goeze)
	瓢甲科	红点唇瓢虫	*Chilocorus kuwannae* Silvestri
	瓢甲科	展缘异点瓢虫	*Anisosticta kobensis* Lewis
	瓢甲科	七星瓢虫	*Coccinella septempunctata* Linn.
	瓢甲科	异色瓢虫	*Harmonia axyridis* (Pallas)

（续）

目	科	种	拉丁学名
鞘翅目	瓢甲科	十二斑菌食瓢虫	*Vibidia duodecimguttata* (Poda)
	瓢甲科	马铃薯二十八性瓢虫	*Henosepilachna vigintioctomaculata* (Motschulsky)
	豆象科	紫穗槐豆象	*Acanthoscelides pallidipennis* (Motschulsky)
	豆象科	绿豆象	*Callosobruchus chinensis* (Linnaeus)
	叶甲科	甘薯肖叶甲	*Colasposoma dauricum* Mannerheim
	叶甲科	中华萝藦叶甲	*Chrysochus chinensis* Baly
	叶甲科	梨光叶甲	*Smaragdina semiaurantiaca* (Fairmaire)
	叩甲科	细胸金针虫	*Agriotes subrittatus* Motschulsky
	叶甲科	柽柳小叶甲	*Cryptocephalus* sp.
	花金龟科	小青花金龟	*Oxycetonia jucunda* Faldermann
	吉丁甲科	六星吉丁	*Chrysobothris affinis* (Fabricius)
	丽金龟科	铜绿异丽金龟	*Anomala corpulenta* Motschulsky
	丽金龟科	中华弧丽金龟	*Popillia quadriguttata* Fabr
	丽金龟科	黄褐异丽金龟	*Anomala exoleta* Fald
	鳃金龟科	蓬莱姬黑金龟（台湾索鳃金龟）	*Sophrops formosana* (Moser)
	鳃金龟科	暗黑鳃金龟	*Holotrichia parallela* Motschulsky
	鳃金龟科	华北大黑鳃金龟	*Holotrichia oblita* (Faldermann)
	鳃金龟科	黑绒鳃金龟	*Serica orientalis* Motschulsky
	鳃金龟科	小黄鳃金龟	*Metabolus flavescens* Brenske
	鳃金龟科	鲜黄鳃金龟	*Metabolus impressifrons* Fairmaire
	鳃金龟科	小阔胫码绢金龟	*Maladera vertricollis* Fairmaire
	天牛科	槐星天牛	*Anoplophora lurida* (Pascoe)
	天牛科	光肩星天牛	*Anoplophora glabripennis* Motschulsky
	天牛科	红缘亚天牛	*Asias holodendri* (Pallas)
	天牛科	酸枣虎天牛	*Chlytus hypocrita* Plavilstshikov
	天牛科	星天牛	*Anoplophora chinensis* (Forster)

（续）

目	科	种	拉丁学名
鞘翅目	天牛科	云斑天牛	*Batocera horsfieldi* (Hope)
	天牛科	青杨楔天牛	*Saperda populnae* (Linn.)
	跳甲科	黄蜡跳甲	*Chaetocnema* sp.
	跳甲科	柳沟胸跳叶甲	*Crepidodera pluta* (Latreille)
	犀金龟科	阔胸犀金龟	*Pentodon mongolicus* Motschulsky
	象甲科	澳象	*Aulelobius* sp.
	象甲科	黄褐纤毛象	*Tanymecus urbanus* Gyllenhyl
	象甲科	隆脊绿象	*Chlorophanus lincolus* Motschulsky
	象甲科	蒙古灰象甲	*Xylinophorus mongolicus* Faust
	象甲科	波纹斜纹象	*Lepyrus japonicus* Roelofs
	象甲科	榆跳象	*Rhynchaenus alni* Linnaeus
	小蠹科	稠李梢小蠹	*Cryphalus padi* Krivolutskya
	叶甲科	核桃扁叶甲	*Gastrolina depressa* Baly
	叶甲科	黄臀短柱叶甲	*Pachybrachys ochropygus* Solsky
	叶甲科	柳蓝圆叶甲	*Plagiodera versicolora* (Laicharting)
	叶甲科	杨梢叶甲	*Parnops glasunowi* Jacodson
	叶甲科	黄曲条跳甲	*Phyllotreta striolata* (Fabricius)
	拟步甲科	网目沙潜	*Opatrum subaratum* Faldermann
	锯谷盗科	锯谷盗	*Oryzaephilus surinamensis* (Linnaeus)
蜻蜓目	蜓科	碧伟蜓	*Anax parthenope julis* Brauer
	蜻科	黄蜻	*Pantala flavescens* (Fabricius)
	蜻科	黑丽翅蜻	*Rhyothemis fuliginosa* Selys
	蜻科	白尾灰蜻	*Orthetrum albistylum* Selys
	蜓科	赤卒	*Crocothemis servillia* Drury
双翅目	毛蚊科	红腹毛蚊	*Bibio rufiventris* (Duda)
	虻科	双斑黄虻	*Atylotus bivittateinus* Takahasi

（续）

目	科	种	拉丁学名
双翅目	蚊科	淡色库蚊	*Culex pipiens* Linn.
	食蚜蝇科	大灰食蚜蝇	*Eupeodes corollae* (Fabricius)
	食蚜蝇科	黑带食蚜蝇	*Episyrphus balteata* (De Geer)
	食蚜蝇科	长尾管蚜蝇	*Erisalis tenax* (Linn.)
	食蚜蝇科	黑色斑眼食蚜蝇	*Erisalis aeneus* (Scopoli)
	潜蝇科	美洲斑潜蝇	*Liriomyza sativae* Blanchard
	潜蝇科	柳树潜叶蝇（杨柳植潜蝇）	*Liriomyza* sp.
	潜蝇科	葱潜叶蝇	*Liriomyza chinensis* (Kato)
	潜蝇科	豆叶东潜蝇	*Japanagromyza tristella* Spencer
	花蝇科	菠菜彩潜蝇	*Pegomya exilis* (Meigen)
	丽蝇科	大头金蝇	*Chrysomyia megacephala* (Fabricius)
	蝇科	家蝇	*Musca domestica* Linn.
	寄蝇科	灰腹狭颊寄蝇	*Carcelia rasa* (Macquart)
	瘿蚊科	柽柳瘿蚊	*Psectrosema* sp.
	瘿蚊科	刺槐叶瘿蚊	*Obolodiplosis robiniae* (Haldemann)
	瘿蚊科	柳瘿蚊	*Rhabdophaga salicis* Schrank
	瘿蚊科	枣瘿蚊	*Contaria* sp.
	瘿蚊科	食蚜瘿蚊	*Aphidoletes abietis* (Kieffer)
	摇蚊科	稻摇蚊	*Chironomus oryzae* Matsumura
	蕈蚊科	韭菜迟眼蕈蚊	*Bradysia odoriphaga* Yang et Zhang
	盗虻科	中华单羽食虫虻	*Cophinopoda chinensis* (Fabricius)
	盗虻科	中华细腹食虫虻	*Leptogaster sinensis* Hsis
螳螂目	螳科	枯叶大刀螳	*Paratenodera aridifolia* (Stoll)
	螳科	棕污斑螳螂	*Statilia maculata* (Thunlberg)
	螳科	广腹螳螂	*Hierodula patellifera* (Seville)
直翅目	锥头蝗科	短额负蝗	*Atractomorpha sinensis* I. Bolivar

（续）

目	科	种	拉丁学名
直翅目	锥头蝗科	长额负蝗	*Atractomorpha lata* (Motschulsky)
	蝗科	中华稻蝗	*Oxya chinensis* Thunberg
	蝗科	中华蚱蜢	*Acrida cinerea* Thunberg
	蝗科	花胫绿纹蝗	*Aiolopus tamulus* Fabricius
	蝗科	黄胫小车蝗	*Gryllotalpa unispina* Saussure
	蝗科	异色剑角蝗	*Acrida cinerea* Thunberg
	螽斯科	日本条螽	*Ducetia japonica* (Thunberg)
	螽斯科	长瓣草螽	*Conocephalus exemptus* (Walker)
	蟋蟀科	大扁头蟋	*Loxoblemmus doenitzi* Stein
	蟋蟀科	长瓣树蟋	*Oecanthus longicauda* Matsumura
	蟋蟀科	油葫芦	*Teleogryllus emma* (Ohmschi et Matsummura)
	蟋蟀科	棺头蟋蟀	*Loxoblemmus doenitizi* Stein
	蚱科	日本蚱	*Tetrix japonica* (Bolivar)
	蚱科	长翅长背蚱	*Paratetrix uvarovi* Semenov
	蝼蛄科	东方蝼蛄	*Gryllotalpa orientalis* Burmeister
	蝼蛄科	华北蝼蛄	*Gryllotalpa unispina* Saussure
缨翅目	蓟马科	棕榈蓟马	*Thrips palmi* Karny
	管蓟马科	稻管蓟马	*Haplothrips aculeatus* (Fabricius)

四、小结

2017 年，继以前的调查和鉴定工作，已在保护区调查到 400 余种昆虫，迄今已鉴定出 354 种，但有些种类仍需要继续鉴定。此外，迄今为止还有 50 余种昆虫需要鉴定。2017 年新鉴定的昆虫为 29 种，还有大量鉴定工作将在寒假进行。存在的主要困难是资料不足，可能会导致大量昆虫无法鉴定到种。

第三章

大型底栖动物群落特征研究

一、研究内容

1. 大型底栖动物群落物种多样性现状调查

在自然保护区内，进行湿地、潮间带、近海（-3m 以内浅水域）底栖动物考察和样品收集。样品收集方法以定量采泥、定量和定性拖网为主。对收集的底栖生物样品和环境要素进行鉴定和统计分析，获取群落结构的基础性数据，如物种组成、生物量、丰度、多样性指数。建立潮间带该区域底栖动物地理信息系统数据库。采集现场动物照片及室内高分辨率照片，为后期图集编研做准备。

2. 大型底栖动物群落演替分析

整理和分析黄河三角洲自然保护区历次调查中获得的底栖动物调查原始资料数据，结合国内外有关潮间带、近海底栖动物研究论文、专著等成果，分析大型底栖动物群落结构的变化规律，绘制底栖动物群落数量和生态学指标的分布和时空变化特征图。

二、研究进展

（一）调查方法和技术指标

主要依据国标 GB/T 12763.6—2007《海洋调查规范第 6 部分：海洋生物调查》中的潮间带和近海生物调查部分规定。湿地采用柱状取样器，每个样点取 3～5 个柱状样，分开保存。潮间带采用 0.1m^2 样方取样，每个点取 2 个样方，取样深度 30cm，并同时在潮间带进行定性取样，分开保存。近岸浅水采用阿氏拖网进行定性和定量拖网，利用 GPS 记录起始拖网位点，利用扫海面积法计算大型底栖动物的生物量和丰度。

（二）断面和站位的设置

调查区域包括湿地、典型潮间带、近海（-3m 以内浅海水域），其中，湿地和潮间带选择具代表性、滩面底质类型相对均匀、潮带完整且人为扰动较小且相对稳定的断面进行。潮间带设置调查断面数目 11 条。每条断面在高潮区、中潮区和低潮区分别设置 3 个采样点，每个采样点使用 0.1m^2 取样框取样 2

次，即每个断面取样次数为6个，取样深度为30cm。断面及采样站位置以GPS定位，走向与海岸垂直。

潮间带调查范围如下：保护区范围内南至小岛河。新河口至121区1条、121至70井1条、70井至96年河道1条、96河道至大汶流沟2条、大汶流沟至小岛河1条。北部一千二管理站区域至少2条断面。内陆在大汶流五万亩、十万亩，黄河口三万亩，一千二恢复区做4～5个样点即可。

湿地取样拟依托中国科学院STS项目黄河三角洲河口生境修复示范区内进行，设置2～3个采样点。近海调查掌握面和点的结合，“面”考虑能代表保护区-3m以浅海域大型底栖动物群落特征；“点”考虑不同类型人类活动的影响，主要为近海筏式养殖、点源排污。采用阿式拖网进行，拖网点与潮间带断面对应，每次拖网要求船速不大于3节，拖网时间30min。

具体采样站位及经纬度见图3-13和表3-7。

图3-13 自然保护区大型底栖动物多样性调查站位

表3-7 自然保护区大型底栖动物多样性调查站位经纬度

区域	站位	纬度	纬度 小数点形式（°）	经度	经度 小数点形式（°）
潮间带定量和定性采样	C1-1	37° 39′ 05.61″ N	37.65155833	119° 00′ 15.07″ E	119.0041861
	C1-2	37° 38′ 03.60″ N	37.63433333	119° 01′ 50.38″ E	119.0306611
	C1-3	37° 37′ 13.76″ N	37.62048889	119° 02′ 48.97″ E	119.0469361
	C2-1	37° 42′ 17.82″ N	37.70495	119° 05′ 13.66″ E	119.0871278
	C2-2	37° 40′ 03.32″ N	37.66758889	119° 06′ 26.96″ E	119.1074889

（续）

区域	站位	纬度	纬度 小数点形式（°）	经度	经度 小数点形式（°）
潮间带定量和定性采样	C2-3	37° 37′ 41.45″ N	37.62818056	119° 07′ 35.26″ E	119.1264611
	C3-1	37° 42′ 38.69″ N	37.71074722	119° 09′ 26.03″ E	119.1572306
	C3-2	37° 40′ 15.34″ N	37.67092778	119° 10′ 15.43″ E	119.1709528
	C3-3	37° 37′ 43.60″ N	37.62877778	119° 11′ 02.21″ E	119.1839472
	C4-1	37° 41′ 53.89″ N	37.69830278	119° 14′ 05.53″ E	119.2348694
	C4-2	37° 40′ 09.22″ N	37.66922778	119° 15′ 44.61″ E	119.2623917
	C4-3	37° 38′ 18.20″ N	37.63838889	119° 17′ 21.25″ E	119.2892361
	C5-1	37° 42′ 05.67″ N	37.701575	119° 15′ 14.37″ E	119.2539917
	C5-2	37° 42′ 10.24″ N	37.70284444	119° 16′ 36.83″ E	119.2768972
	C5-3	37° 42′ 11.83″ N	37.70328611	119° 18′ 02.87″ E	119.3007972
	C6-1	37° 43′ 11.17″ N	37.71976944	119° 13′ 34.66″ E	119.2262944
	C6-2	37° 44′ 00.67″ N	37.73351944	119° 14′ 57.92″ E	119.2494222
	C6-3	37° 44′ 47.74″ N	37.74659444	119° 16′ 26.97″ E	119.2741583
	C7-1	37° 46′ 39.98″ N	37.77777222	119° 12′ 16.19″ E	119.2044972
	C7-2	37° 47′ 32.15″ N	37.79226389	119° 12′ 21.33″ E	119.205925
	C7-3	37° 48′ 25.92″ N	37.8072	119° 12′ 27.55″ E	119.2076528
	C8-1	37° 46′ 21.81″ N	37.772725	119° 09′ 26.75″ E	119.1574306
	C8-2	37° 47′ 21.26″ N	37.78923889	119° 09′ 41.94″ E	119.16165
	C8-3	37° 48′ 24.24″ N	37.80673333	119° 09′ 55.22″ E	119.1653389
	C9-1	37° 49′ 03.31″ N	37.81758611	119° 04′ 47.34″ E	119.0798167
	C9-2	37° 49′ 48.90″ N	37.83025	119° 05′ 54.84″ E	119.0985667
	C9-3	37° 50′ 37.42″ N	37.84372778	119° 07′ 11.05″ E	119.1197361
	C10-1	38° 04′ 28.08″ N	38.07446667	118° 45′ 30.08″ E	118.7583556
	C10-2	38° 05′ 53.59″ N	38.09821944	118° 45′ 45.12″ E	118.7625333
	C10-3	38° 07′ 14.19″ N	38.12060833	118° 45′ 58.30″ E	118.7661944
	C11-1	38° 05′ 48.88″ N	38.09691111	118° 39′ 34.91″ E	118.6596972
	C11-2	38° 06′ 42.44″ N	38.11178889	118° 39′ 05.19″ E	118.6514417
	C11-3	38° 07′ 41.11″ N	38.12808611	118° 38′ 28.66″ E	118.6412944

（续）

区域	站位	纬度	纬度 小数点形式（°）	经度	经度 小数点形式（°）
浅海 -3m 以浅海域阿式拖网定性和定量调查	T1	37° 34′ 34.00″ N	37.57611111	119° 05′ 21.63″ E	119.0893417
	T2	37° 34′ 53.62″ N	37.58156111	119° 09′ 01.84″ E	119.1505111
	T3	37° 36′ 48.38″ N	37.61343889	119° 11′ 21.12″ E	119.1892
	T4	37° 37′ 31.57″ N	37.62543611	119° 17′ 57.68″ E	119.2993556
	T5	37° 42′ 13.88″ N	37.70385556	119° 18′ 45.96″ E	119.3127667
	T6	37° 44′ 37.81″ N	37.74383611	119° 17′ 43.04″ E	119.2952889
	T7	37° 49′ 52.49″ N	37.83124722	119° 12′ 36.47″ E	119.2101306
	T8	37° 49′ 56.27″ N	37.83229722	119° 10′ 19.55″ E	119.1720972
	T9	37° 52′ 09.10″ N	37.86919444	119° 09′ 08.97″ E	119.1524917
	T10	38° 13′ 57.04″ N	38.23251111	118° 48′ 11.99″ E	118.8033306
	T11	38° 13′ 35.55″ N	38.22654167	118° 36′ 10.13″ E	118.6028139
湿地	有植被	修复工程示范区内			
	无植被	修复工程示范区内			

（三）已完成的调查时间、频次和样品采集

2016 年 8 月：湿地、潮间带和 -3m 以内浅海域调查。

2016 年 11 月：潮间带和 -3m 以内浅海域调查。

2017 年 5 月：湿地、潮间带和 -3m 以内浅海域调查。

2017 年 8 月：湿地、潮间带和 -3m 以内浅海域调查。

2017 年 11 月：湿地、潮间带和 -3m 以内浅海域调查。

（四）结论（以 2017 年秋季为例）

1. 物种组成和优势种

2017 年 11 月，共发现大型底栖动物 49 种，甲壳动物 13 种，占物种数的 26.53%；软体动物 15 种，占物种数的 30.61%；多毛类动物 18 种，占物种数的 36.73%；其他动物 3 种，占物种数的 6.12%（图 3-14）。2017 年 11 月优势物种依次为大蜾蠃蜚、彩虹明樱蛤、丝异蚓虫，优势度分别为 0.179、0.140、0.067（图 3-15）。

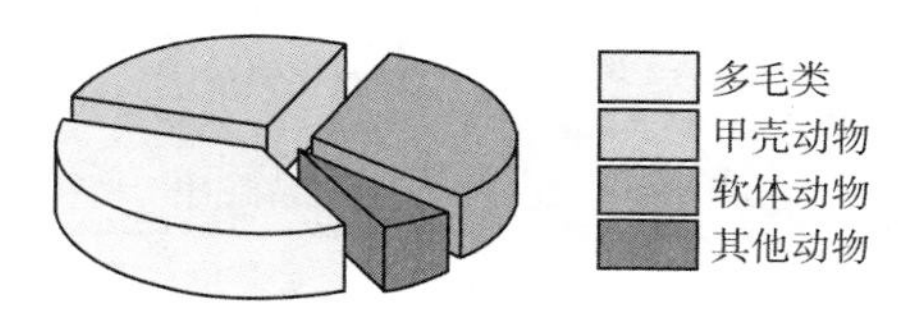

图 3-14　2017 年 11 月大型底栖动物物种组成

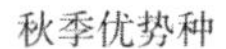

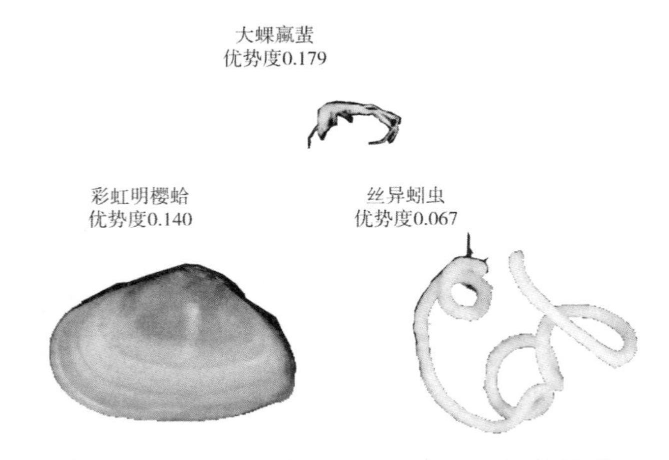

图 3-15　2017 年 11 月大型底栖动物优势种

2. 生物量和丰度

2017 年 11 月，11 个断面总平均丰度为 (605.9 ± 934.4)ind/m²，C2 断面平均丰度最高，为 2923ind/m²，C10 断面最低，为 105ind/m²。总平均生物量为 (14.95 ± 22.13)g/m²，其中 C11 断面平均生物量最高，为 53.69g/m²，C10 断面最低，为 0.99g/m²。

2017 年 11 月，调查区域大型底栖动物丰度总体表现为低潮带 > 高潮带 > 中潮带，呈现此规律的原因主要是 C2-1、C3-1 中相继出现了大量的大蜾蠃蜚。高潮带生物平均丰度为 616ind/m²；中潮带生物平均丰度为 517.27ind/m²；低潮带生物平均丰度为 634.55ind/m²。各站位丰度变化范围为 20～4175ind/m²，其中，C7-2 丰度最低，为 20ind/m²；C2-3 丰度最高，为 4175ind/m²（图 3-16）。

2017 年 11 月，调查区域大型底栖动物生物量总体表现为低潮带 > 高潮带 > 中潮带。高潮带生物平均生物量为 15.75g/m²；中潮带生物平均生物量为 8.47g/m²；低潮带生物平均生物量为 20.70g/m²。各站位生物量变化范围为 0.17～90.89g/m²，其中，C7-2 生物量最低，为 0.17g/m²；C11-3 生物量最高，为 90.89g/m²（图 3-16）。

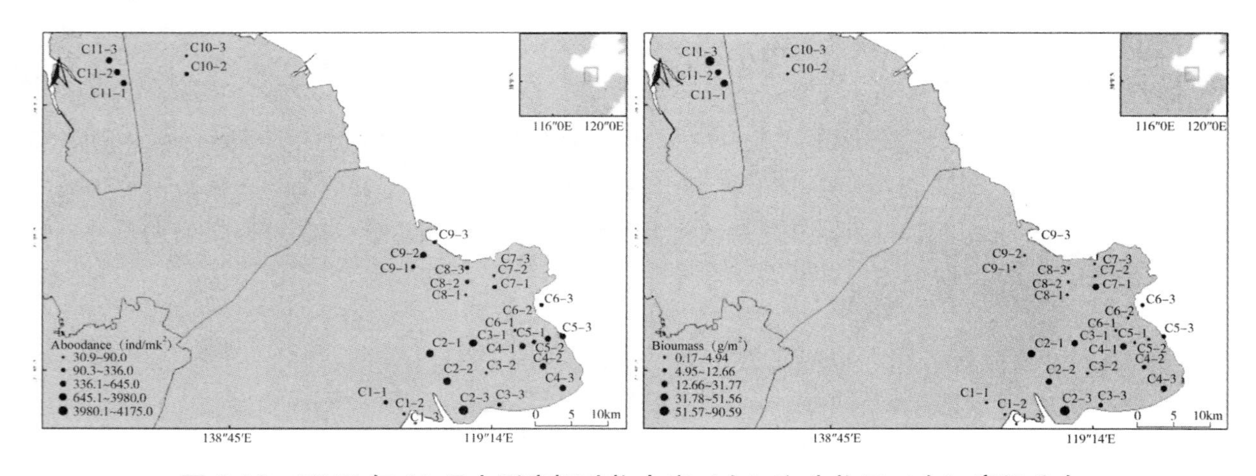

图 3-16　2017 年 11 月大型底栖动物丰度（左）和生物量（右）空间分布

3. 物种多样性指数

2017 年 11 月，调查区域大型底栖动物物种丰富度指数 *d* 变化范围在 0.16～2.01，平均值为 0.80±0.47，最大值位于 C3 的低潮带，最小值位于 C11 的低潮带；物种均匀度指数 *J* 变化范围在 0.04～0.98，平均值为 0.60±0.27，最大值位于 C6 的低潮带，最小值位于 C2 的低潮带；香农－威纳（Shannon-Wiener）多样性指数 *H* 变化范围在 0.07～1.88，平均值为 0.91±0.49，最大值位于 C5 的高潮带，最小值位于 C2 的低潮带（图 3-17）。

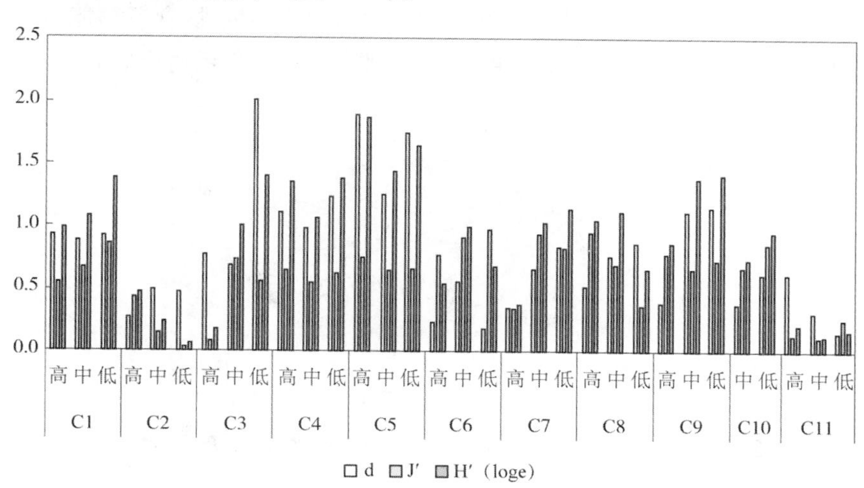

图 3-17　2017 年 11 月潮间带大型底栖动物物种多样性指数

4. 大型底栖动物群落结构分析

对大型底栖动物丰度数据其进行聚类分析和非参数性多维标度排序。按照 20% 的相似性标准划分，可将大型底栖动物群落划分为 3 个类群。群落 I 包含 C11-1、C11-2、C11-3，相似性 55.83%，表征种彩虹明樱蛤（贡献率 100%）；群落 II 包含 C2-1、2-2、C2-3、C3-1，相似性 59.97%，表征种大蜾蠃蜚（贡献率 72.77%）、锯脚泥蟹（贡献率 11.09%）；群落 III 包含其余 25 个站位，相似性 34.52%，表征种丝异蚓虫（贡献率 40.41%）、彩虹明樱蛤（贡献率 18.73%）、日本大眼蟹（贡献率 14.37%）、日本刺沙蚕（贡献率 12.14%）（图 3-18）。

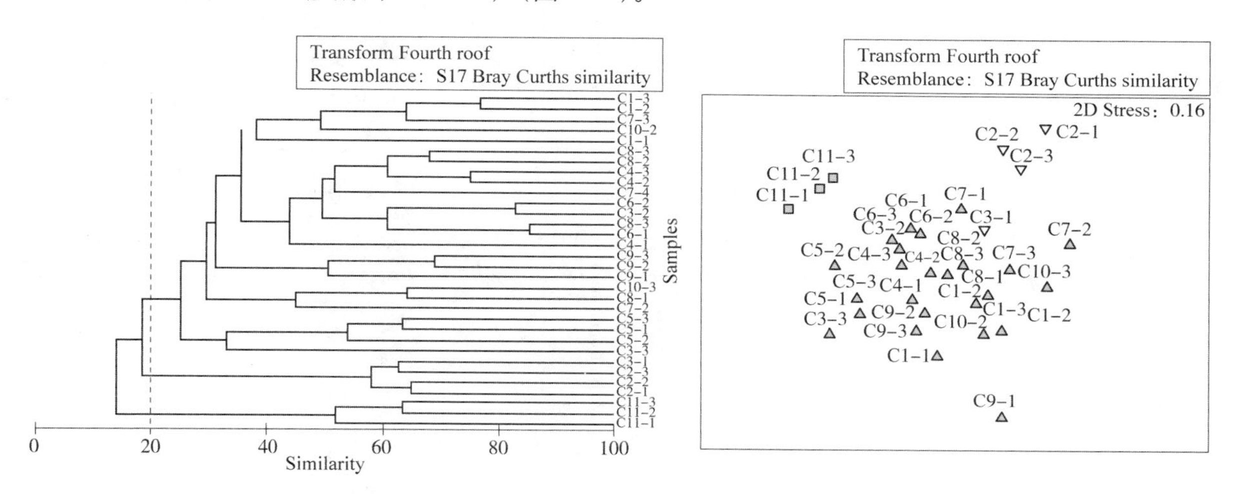

图 3-18　2017 年 11 月 CLUSTER（左）和 MDS（右）分析

5. 食性分析

此次调查获得的大型底栖生物中，去除无法确定食性物种 6 种，属于浮游生物食者功能群 Pl 的有 7 种，占总物种数的 16.28%；属于植食者功能群 Ph 的有 7 种，占总物种数的 16.28%；属于肉食者功能群 Ca 的有 16 种，占总物种数的 37.21%；属于杂食者功能群 Om 的有 9 种，占总物种数的 20.93%；属于碎食者功能群 De 的有 4 种，占总物种数的 9.30%（图 3-19）。5 种功能群类型中丰度由高到低依次为杂食性食者功能群 Om > 浮游生物食者功能群 Pl > 植食性食者功能群 Ph > 肉食性食者功能群 Ca > 碎食者功能群 De；生物量由高到低依次为浮游生物食者功能群 Pl > 杂食性食者功能群 Om > 植食性食者功能群 Ph > 肉食性食者功能群 Ca > 碎食者功能群 De。

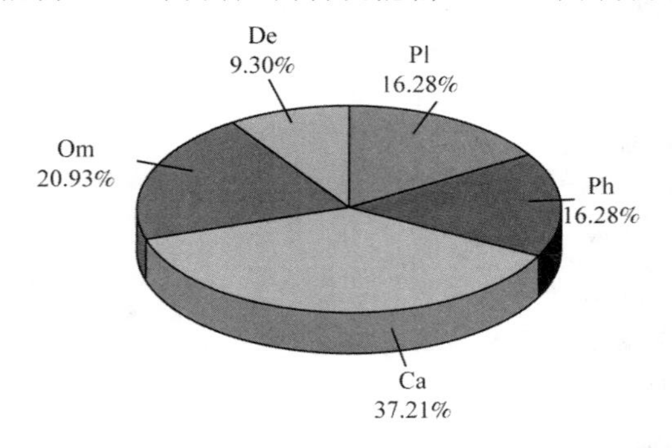

图 3-19　2017 年 11 月潮间带大型底栖动物功能群分布

6. 群落受人类活动扰动情况

由 ABC 曲线（图 3-20）可以看出，C1-2、C2-3、C3-3、C5-1、C5-2、C5-3、C8-3、C9-3、C10-2、C10-3、C11-2，即位于黄河三角洲的大汶流沟子、96 河道以及湿地保护区部分站位的丰度曲线与生物量曲线出现交叉，说明秋季调查区域大型底栖动物群落受到中等程度的扰动。C1-1、C2-1、C2-2、C3-1、C11-3 共 5 个站位的生物量曲线总是低于丰度曲线，说明秋季这些站位大型底栖动物群落受到严重扰动，其余站位的生物量曲线均高于丰度曲线，表明秋季这些站位大型底栖动物群落尚未受到扰动。

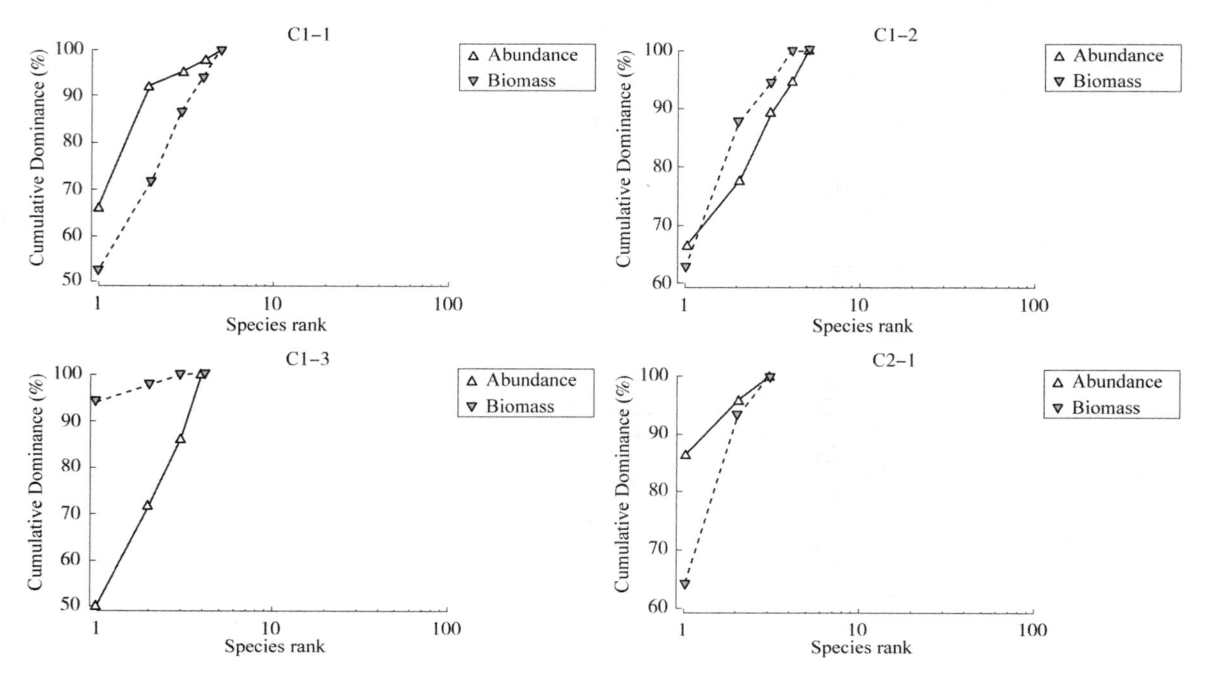

图 3-20A　秋季所有站位大型底栖动物群落 ABC 曲线

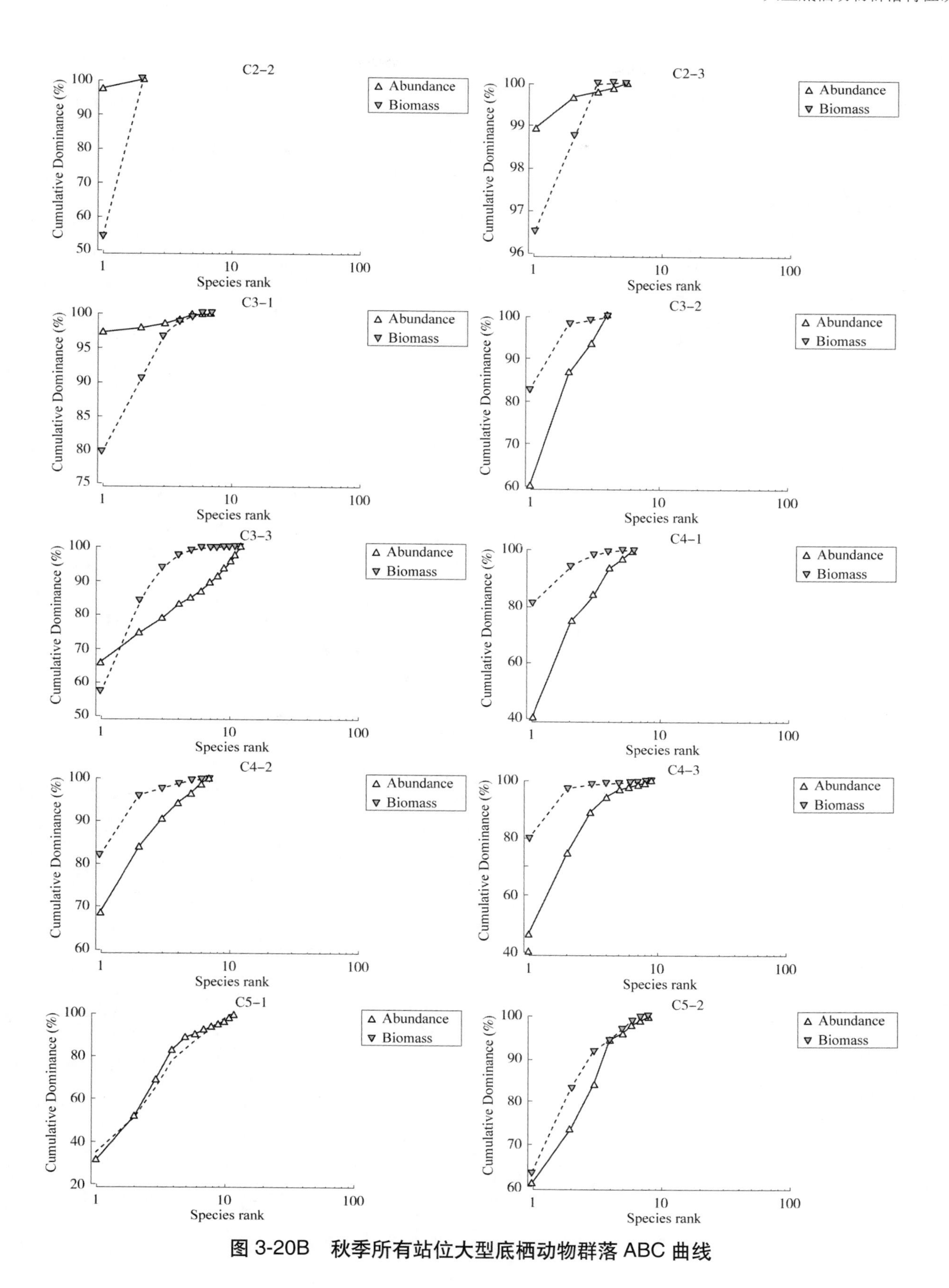

图 3-20B　秋季所有站位大型底栖动物群落 ABC 曲线

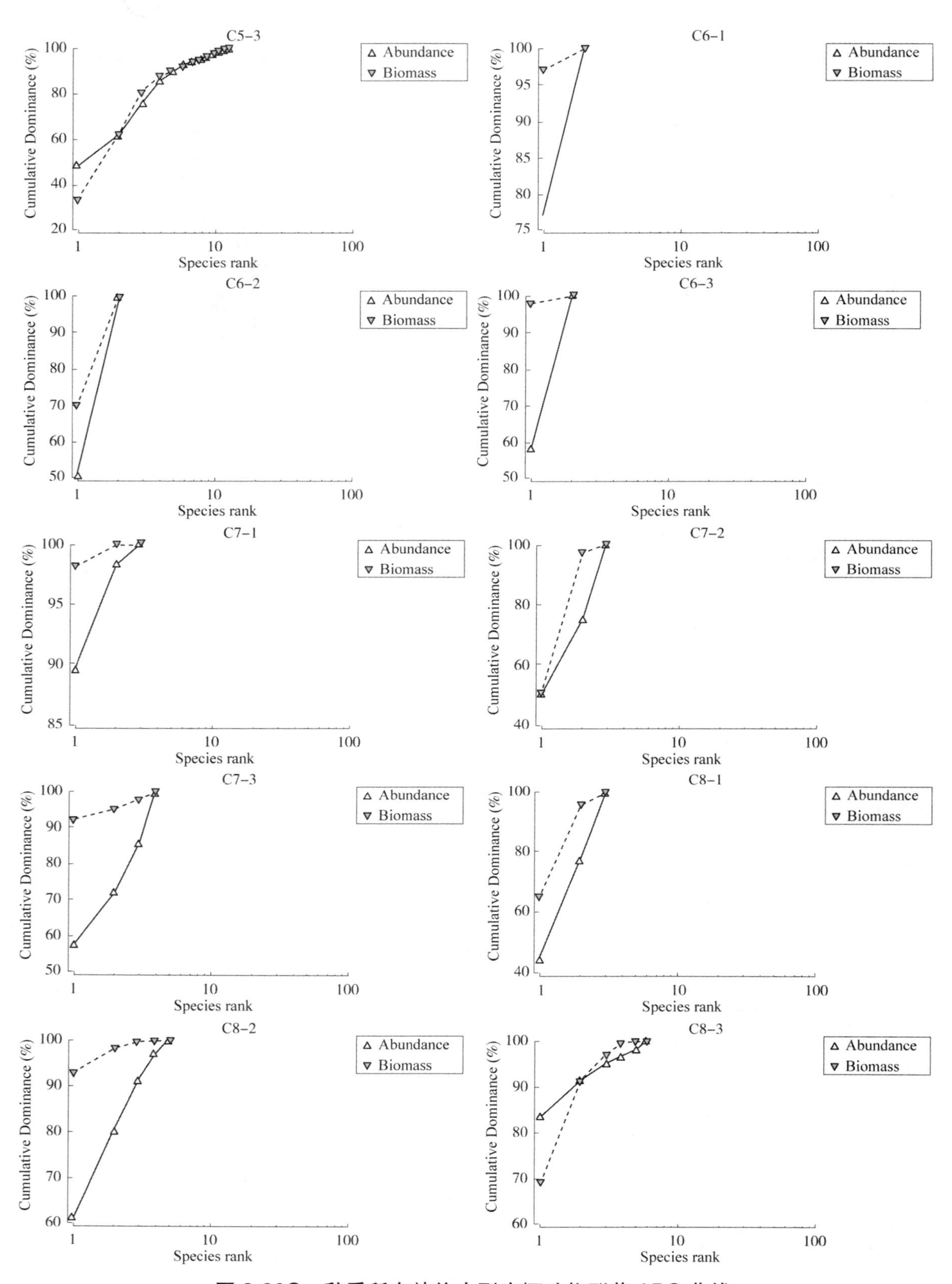

图 3-20C　秋季所有站位大型底栖动物群落 ABC 曲线

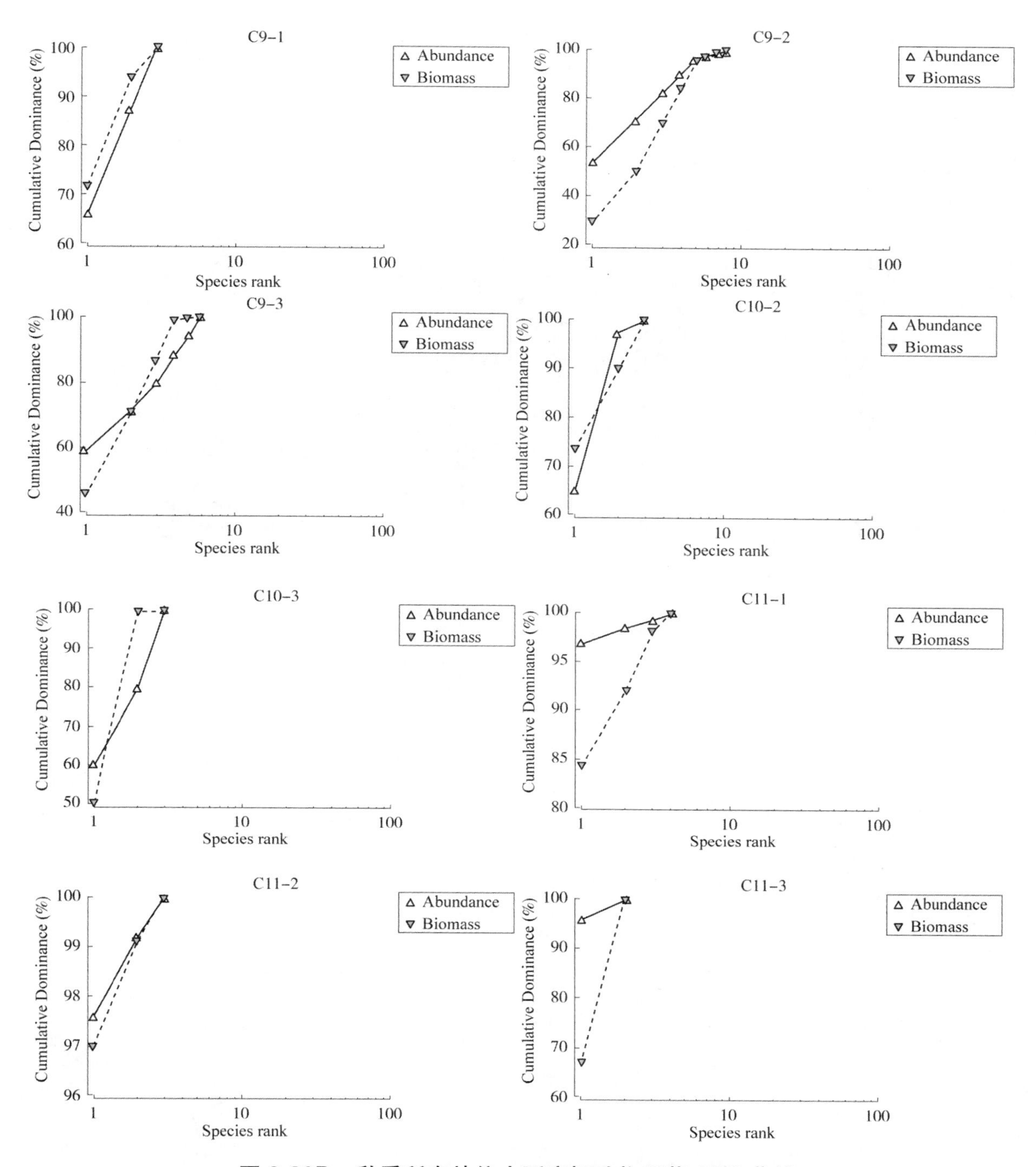

图 3-20D　秋季所有站位大型底栖动物群落 ABC 曲线

7. 研究区域底栖生态健康评价结果

在调查区域采集到大型底栖动物的 32 个站位中，没有未鉴定物种比例低于 20% 的站位，数据结果均可用。如图 3-21 所示，秋季调查区域 AMBI 值范围在 0.000～4.071，有 11 个站位的 AMBI 值≤1.2，表明未受到扰动，占采样站位的 34.4%；有 14 个站位受到轻微扰动，占采样站位的 43.8%；有 7 个站位受到中等扰动，占采样站位的 21.8%；没有站位受到严重扰动，说明秋季调查区域底栖生态环境处于相对较好的状态。依据 M-AMBI 显示的结果（图 3-22），C3-3、C5-1 与 C5-3 站位生态质量状况为“高”；C4-1、C4-2、C4-3、C5-2 与 C9-2 站位生态质量状况为“好”，C1-1、C1-2、C1-3、C3-2、C6-2、C7-2、C8-1、C8-2 与 C9-3 站位生态质量状况为“中等”，C2-2 站位生态质量状况为“差”，其余 14 个站位生态质量状况为“不良”，占采样站位的 43.75%。

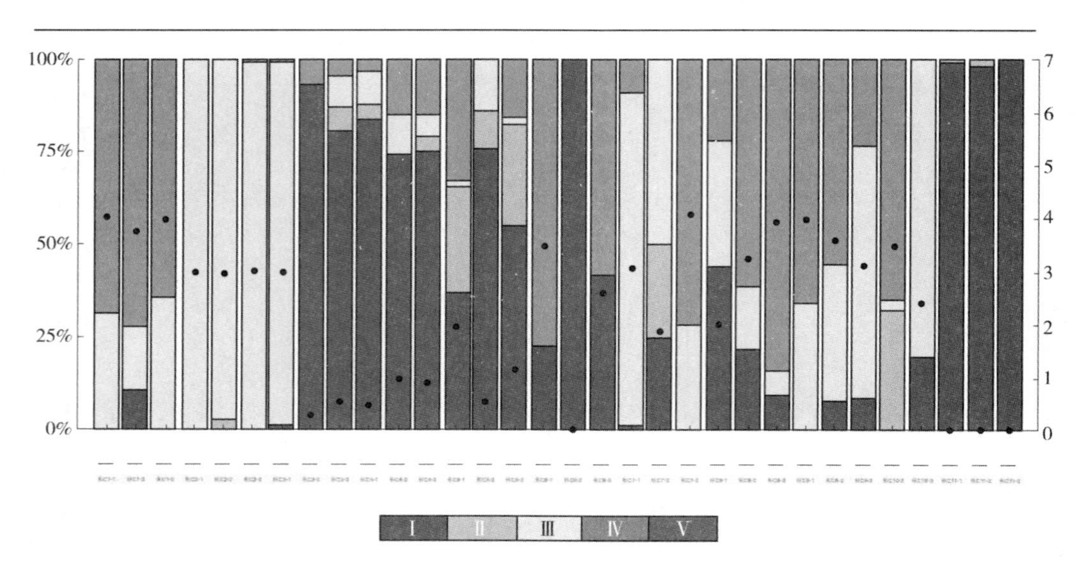

图 3-21　秋季所有站位 AMBI 值

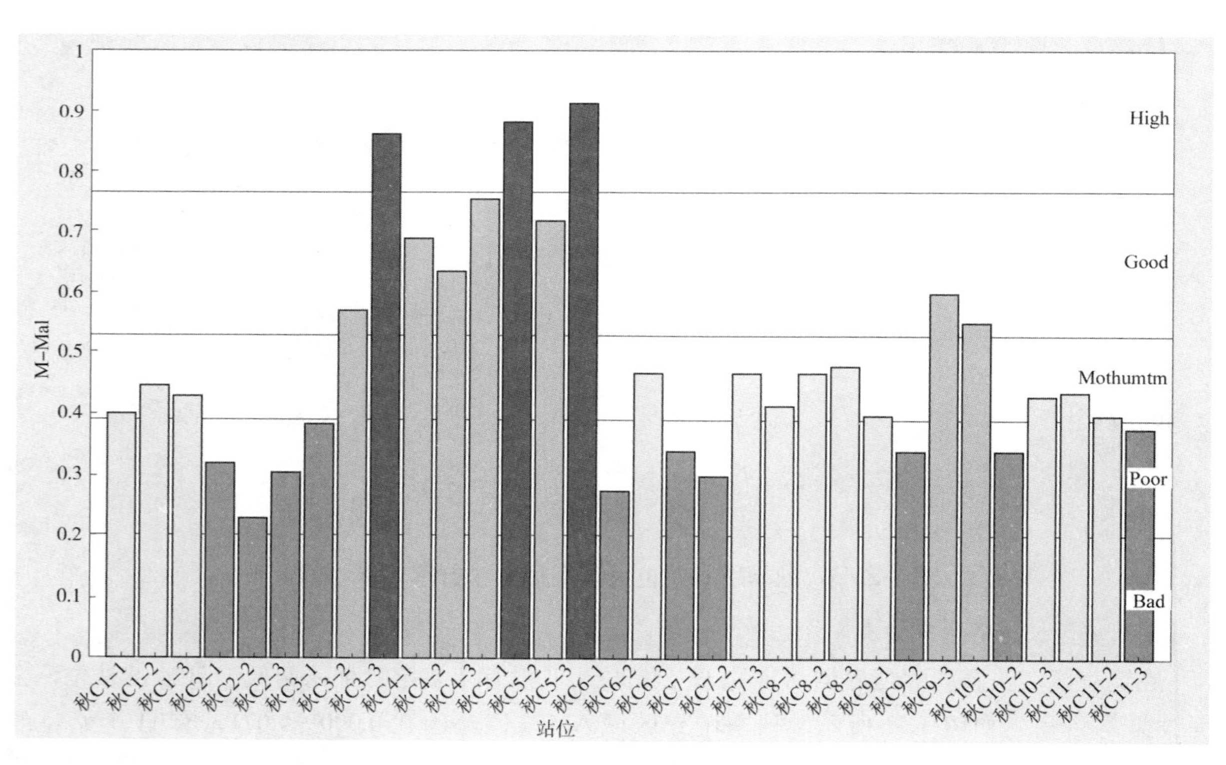

图 3-22　秋季所有站位 M-AMBI 值

（五）大型底栖动物群落演替分析

由于大型底栖动物群落季节差异显著，年际尽量选取与现状调查相同区域、相同季节的历史调查资料。以 2017 年春季调查资料为例，多毛动物与软体动物是本次调查区域大型底栖动物的优势类群，其次是甲壳动物，其他动物仅占少数。近 10 年来，黄河三角洲区域大型底栖动物群落结构比较稳定，并且优势类群也比较单一。多毛动物所占比例相对 10 年前有了明显的增长，表明黄河三角洲大型底栖动物小型化趋势仍在进行（图 3-23）。

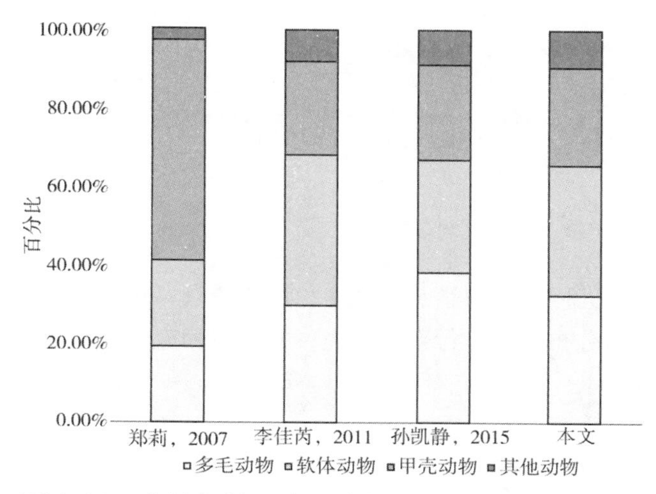

图 3-23　自然保护区大型底栖动物物种数年际变化

通过大型底栖动物生物量与丰度历史对比数据发现，本次调查区域大型底栖动物总体生物量与丰度相对较小，其中软体动物一直是黄河三角洲区域大型底栖动物生物量与丰度的优势类群（图 3-24）。多毛动物丰度相比较历史资料有所增加，但生物量却较少，可能是黄河三角洲区域物种小型化趋势造成的，即优势种由较大的物种，如甲壳动物和软体动物向体型较小的多毛动物转变，这在一定程度上表明黄河三角洲地区底栖环境受到了扰动，个体较大对环境变化敏感的物种逐渐减少，个体较小且忍受环境变化能力较强的物种逐渐增多。

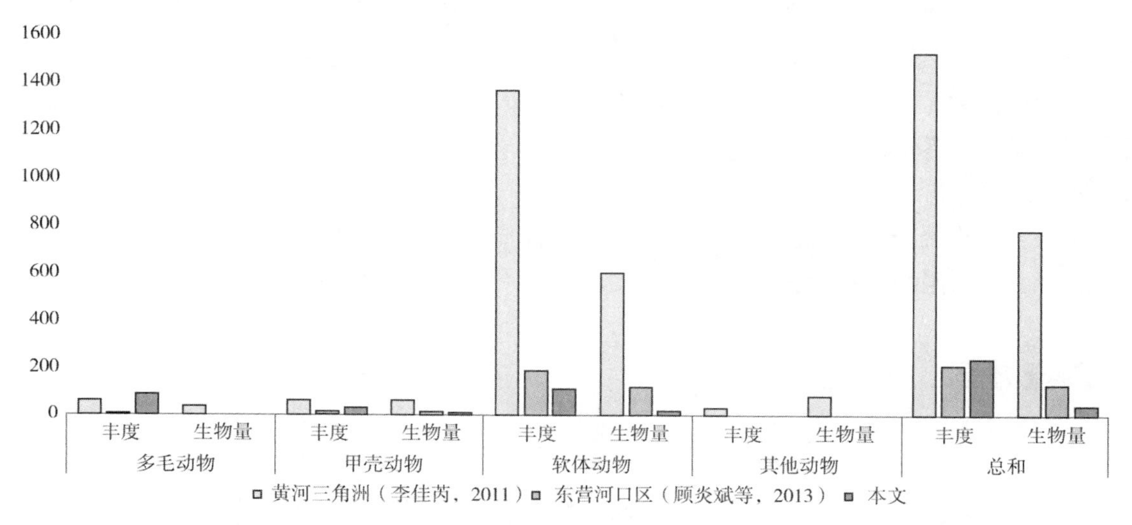

图 3-24　自然保护区大型底栖动物丰度与生物量年际变化

第四章 水生生物多样性调查

一、调查目标

对自然保护区所辖区域进行全面的浮游动植物、鱼类调查，对这些水生生物的种类组成、群落结构、生物量、丰度等时空分布情况进行系统研究，并测定相应区域的水质数据。培训巡护监测人员浮游动植物、鱼类调查技术，完成自然保护区浮游动植物、鱼类研究报告。

二、调查内容

1. 浮游动植物群落结构及物种多样性研究

开展为期 3 年的自然保护区浮游动植物种类组成、群落结构、优势种、丰度和生物量等空间分布特征与季节动态研究，评估生物多样性现状，探讨群落演替规律，绘制浮游动植物优势种分布和时空变化特征图。

2. 鱼类物种多样性调查及资源状况评价

开展为期 3 年的自然保护区鱼类区系组成、群落结构特点、主要经济鱼类和珍稀濒危鱼类、生态类群（淡水性鱼类、河口性鱼类、海洋性鱼类、洄游性鱼类）、时空分布特征和渔业捕捞现状等研究。主要调查自然保护区内的鱼类种类、数量、生活习性，在各生境类型中（湿地淡水水域和近岸海域）的分布情况，资源变动与鱼类物种多样性分析等；重点保护鱼类的数量、分布、保护级别、生存状况，及受外界干扰程度等。

3. 水质监测工作

每次水生生物调查须对相应站位进行水质状况监测，测定指标包括 pH、浑浊度、盐度、溶解氧、无机氮（氨、硝酸盐）、无机磷等，分析水生生物分布的水质影响因子。

三、调查方案

1. 监测位点布设

在自然保护区近海（-3m 以内浅海）水域，设置 11 个站位，站位设置同近海底栖生物调查一致（图 3-25，站位 T1～T11），调查站位经纬度坐标如表 3-8 所示。

图 3-25 自然保护区鱼类多样性调查站位（T1～T11）

表 3-8 调查站位经纬度

位点	纬度	经度
T1	37° 34′ 34.00″ N	119° 05′ 21.63″ E
T2	37° 34′ 53.62″ N	119° 09′ 01.84″ E
T3	37° 36′ 48.38″ N	119° 11′ 21.12″ E
T4	37° 37′ 31.57″ N	119° 17′ 57.68″ E
T5	37° 42′ 13.88″ N	119° 18′ 45.96″ E
T6	37° 44′ 37.81″ N	119° 17′ 43.04″ E
T7	37° 49′ 52.49″ N	119° 12′ 36.47″ E
T8	37° 49′ 56.27″ N	119° 10′ 19.55″ E
T9	37° 52′ 09.10″ N	119° 09′ 08.97″ E
T10	38° 13′ 57.04″ N	118° 48′ 11.99″ E
T11	38° 13′ 35.55″ N	118° 36′ 10.13″ E

2. 浮游动植物调查

利用浮游动物网和浮游植物网，以 0.3m/s 以下速度拖动采集浮游动植物，并立刻用 40% 的甲醛溶液固定。样品试验室进行称重测量和分类鉴定。

3. 鱼类调查

近海调查使用单船底拖网进行河口区渔业资源采样，淡水区域使用流刺网进行渔业资源采样，渔获物在船上鉴定种类，并按种类记录重量、体长、尾数等数据，不能直接鉴定的种类带回实验室进行查阅资料再次鉴定。

4. 水质监测

在进行浮游动植物和鱼类资源调查同时，利用 YSI 水质分析仪实时测定水温、电导率、pH、溶解氧、含盐量等指标，并同时采集水样带回试验室进行无机氮（NO_3^-N、NH_4^-N）、活性磷酸盐（PO_4^-P）、总氮、总磷、COD 及叶绿素等指标测定。

四、研究实施情况及初步结果

已于 2016 年 8 月、2016 年 11 月、2017 年 5 月、2017 年 8 月、2017 年 11 月组织实施 5 次综合调查，获取浮游动物和浮游植物样品各 73 个，水质样品 73 个，以及 11 个站位 4 次调查的鱼类数据。

（一）数据处理

1. 优势度（Y）及计算方法

优势种的概念有两个方面涵义，一方面指占有广泛的生境，可以利用较高的资源，具广泛适应性，在空间分布上表现为空间出现频率（f_i）较高，另一方面，表现为个体数量（n_i）庞大，丰度百分比（n_i/N）较高。

设：f_i 为第 i 个种在各样方中的出现频率；n_i 为群落中第 i 个物种在空间中的丰度；N 为群落中所有物种的总丰度。

综合优势种概念的两个方面，得出优势种优势度（Y）的计算公式：

$$Y=n_i/N \times f_i$$

本报告规定优势度 $Y \geqslant 0.02$ 时为优势种。

2. 生物生态评价方法及其指数计算

本次调查的海洋生物生态群落评价包括群落多样性、群落均匀度、群落丰富度和群落单纯度四个方面。

香农－威纳多样性指数：

$$H' = -\sum_{i}^{S} P_i \log_2 P_i$$

式中：H' 为物种多样性指数值；S 为样品中的总种数；P_i 为第 i 种的个体丰度（n_i）与总丰度（N）的比值（n_i/N）。

一般认为，正常环境，该指数值高；环境受污染，该指数值降低。

均匀度指数：

$$J' = H' / \log_2 S$$

式中：J' 为均匀度指数值；H' 为物种多样性指数值；S 为样品中总种数。

丰富度指数：

$$d=(S-1)/\log_2 N$$

式中：d 为丰富度指数值；S 为样品中的总种数；N 为群落中所有物种的总丰度。

单纯度指数：

$$C=\mathrm{SUM}(n_i/N)^2$$

式中：C 为单纯度指数；N 为群落中所有物种丰度或生物量，n_i 为第 i 个物种的丰度或生物量。

一般而言，健康的环境，物种均匀度和丰富度指数值高，单纯度指数值低；污染环境，物种均匀度和丰富度指数值低，单纯度指数值高。

（二）浮游植物调查结果

1. 种类数和丰度

四个航次共鉴定浮游植物 58 种，浮游植物丰度平均值为 3.68×10^5ind/m^3。其中，2016 年 11 月航次鉴定浮游植物 40 种，丰度为 13.34×10^5ind/m^3；2017 年 5 月航次鉴定浮游植物 20 种，丰度为 0.98×10^5ind/m^3；2017 年 8 月航次鉴定浮游植物 31 种，丰度为 2.15×10^5ind/m^3；2017 年 10 月航次鉴定浮游植物 18 种，丰度为 1.33×10^5ind/m^3（表 3-9）。

表 3-9　浮游植物种类数和丰度结果

类别	采样时间			
	2016.11	2017.05	2017.08	2017.10
丰度（10^5ind/m^3）	13.34	0.98	2.15	1.33
种类数	40	20	31	18

2. 优势种

2016 年 11 月航次中浮游植物优势种为圆筛藻、威氏圆筛藻、夜光藻和辐射圆筛藻；2017 年 5 月航次中浮游植物优势种为舟形藻、斯氏几内亚藻和圆筛藻；2017 年 8 月航次中浮游植物优势种为圆筛藻、威氏圆筛藻、丹麦细柱藻、辐射圆筛藻和颤藻；2017 年 10 月航次中浮游植物优势种为圆筛藻、威氏圆筛藻、辐射圆筛藻、夜光藻、格式圆筛藻和伏氏海线藻（表 3-10）。

表 3-10　浮游植物优势种

2016.11		2017.05		2017.08		2017.10	
种名	优势度	种名	优势度	种名	优势度	种名	优势度
圆筛藻	0.77	舟形藻	0.10	圆筛藻	0.27	圆筛藻	0.41
威氏圆筛藻	0.04	斯氏几内亚藻	0.07	威氏圆筛藻	0.03	威氏圆筛藻	0.11
夜光藻	0.03	圆筛藻	0.03	丹麦细柱藻	0.03	辐射圆筛藻	0.08
辐射圆筛藻	0.02			辐射圆筛藻	0.02	夜光藻	0.07
				颤藻	0.02	格氏圆筛藻	0.03
					0.02	伏氏海线藻	0.02

3. 浮游植物多样性

四个航次调查中，浮游植物多样性指数平均为 1.71，多样性指数较差。其中，2016 年 11 月航次中浮游植物多样性指数为 1.53，单纯度为 0.55，均匀度为 0.46，丰富度为 0.50；2017 年 5 月航次中浮游植物多样性指数为 0.99，单纯度为 0.63，均匀度为 0.56，丰富度为 0.17；2017 年 8 月航次中浮游植物多样性指数为 2.30，单纯度为 0.28，均匀度为 0.80，丰富度为 0.43；2017 年 10 月航次中浮游植物多样性指数为 2.00，单纯度为 0.32，均匀度为 0.81，丰富度为 0.30（表 3-11）。

表 3-11　浮游植物多样性结果

类别	采样时间			
	2016.11	2017.05	2017.08	2017.10
多样度 H'	1.53	0.99	2.30	2.00
单纯度 C	0.55	0.63	0.28	0.32
均匀度 J'	0.46	0.56	0.80	0.81
丰富度 d	0.50	0.17	0.43	0.30

（三）浮游动物调查结果

1. 浮游动物种类数和丰度结果

四个航次共鉴定浮游动物 44 种，浮游动物重量密度平均值为 1.07g/m^3，丰度平均值为 385.61ind/m^3。其中，2016 年 11 月共鉴定浮游动物 25 种，其重量密度为 1.37g/m^3，丰度为 96.75ind/m^3；2017 年 5 月共鉴定浮游动物 29 种，其重量密度为 1.21g/m^3，丰度为 839.55ind/m^3；2017 年 8 月共鉴定浮游动物 15 种，其重量密度为 0.56g/m^3，丰度为 16.95ind/m^3；2017 年 10 月共鉴定浮游动物 23 种，其重量密度为 1.15g/m^3，丰度为 589.17ind/m^3（表 3-12）。

表 3-12　浮游动物种类数和丰度

类别	采样时间			
	2016.11	2017.05	2017.08	2017.10
种类数	25	29	15	23
重量密度（g/m^3）	1.37	1.21	0.56	1.15
丰度（ind/m^3）	96.75	839.55	16.95	589.17

2. 浮游动物优势种结果

2016 年 11 月航次中浮游动物优势种为强壮箭虫、黑褐新糠虾、夜光虫、背针胸刺水蚤和真刺唇角水蚤；2017 年 5 月航次中浮游动物优势种为小拟哲水蚤、桡足类幼体、腹针胸刺水蚤和长尾类幼体；2017 年 8 月航次中浮游动物优势种为中国毛虾、双毛纺锤水蚤、太平洋纺锤水蚤、长尾类幼体、短尾类溞状幼虫、夜光虫和鸟喙尖头溞；2017 年 10 月航次中浮游动物优势种为夜光虫、强壮箭虫、小拟哲水蚤和真刺唇角水蚤（表 3-13）。

表 3-13　浮游动物优势种

2016.11		2017.05		2017.08		2017.10	
种名	优势度	种名	优势度	种名	优势度	种名	优势度
强壮箭虫	0.51	小拟哲水蚤	0.31	中国毛虾	0.08	夜光虫	0.42
黑褐新糠虾	0.12	桡足类幼体	0.13	双毛纺锤水蚤	0.07	强壮箭虫	0.09
夜光虫	0.07	腹针胸刺水蚤	0.03	太平洋纺锤水蚤	0.07	小拟哲水蚤	0.08
背针胸刺水蚤	0.04	长尾类幼体	0.03	长尾类幼体	0.06	真刺唇角水蚤	0.06
真刺唇角水蚤	0.03			短尾类溞状幼虫	0.05		
				夜光虫	0.03		
				鸟喙尖头溞	0.02		

3. 浮游动物多样性调查结果

四个航次调查中，浮游动物多样性指数平均为 1.85，多样性指数较差。其中，2016 年 11 月航次中浮游动物多样性指数为 2.04，单纯度为 0.35，均匀度为 0.70，丰富度为 1.26；2017 年 5 月航次中浮游动物多样性指数为 2.05，单纯度为 0.33，均匀度为 0.66，丰富度为 1.09；2017 年 8 月航次中浮游动物多样性指数为 1.74，单纯度为 0.51，均匀度为 0.86，丰富度为 0.85；2017 年 10 月航次中浮游动物多样性指数为 1.56，单纯度为 0.48，均匀度为 0.55，丰富度为 1.05（表 3-14）。

表 3-14　浮游动物多样性结果

类别	采样时间			
	2016.11	2017.05	2017.08	2017.10
多样度 H'	2.04	2.05	1.74	1.56
单纯度 C	0.35	0.33	0.51	0.48
均匀度 J'	0.70	0.66	0.86	0.55
丰富度 d	1.26	1.09	0.85	1.05

（四）鱼类调查结果

近海鱼类有 35 种，鳀科、鲱科、银鱼科、鲻科、海龙科、鲬科、杜父鱼科、花鲈科、鲷科、石首鱼科、锦䲁科、虾虎鱼科、牙鲆科、舌鳎科、鲀科等16科，其中，虾虎鱼科为常见类群，共计发现8种。相关结果待进一步整理。

（五）部分浮游植物、浮游动物及鱼类照片（图3–26至图3–28）

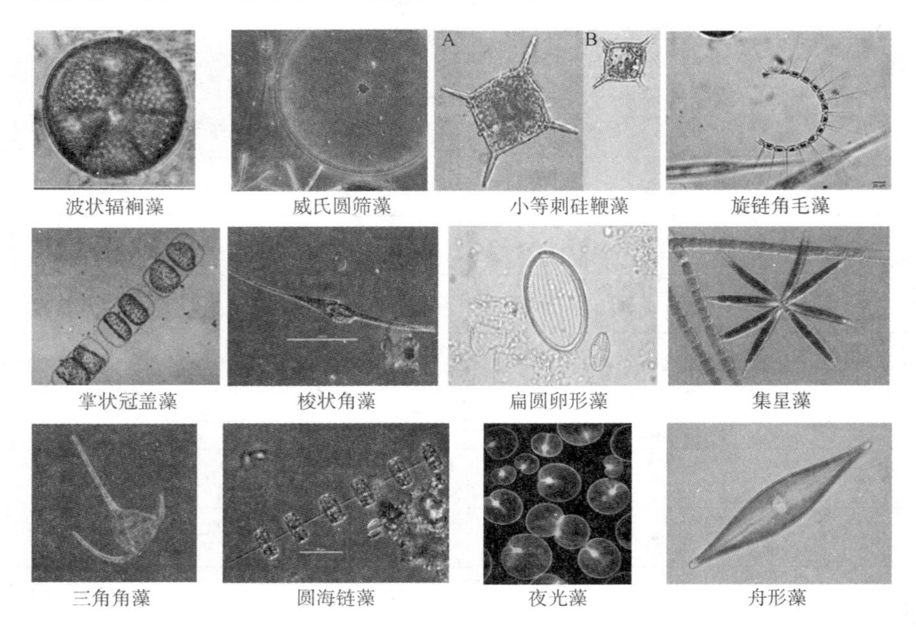

图3-26　浮游植物部分照片

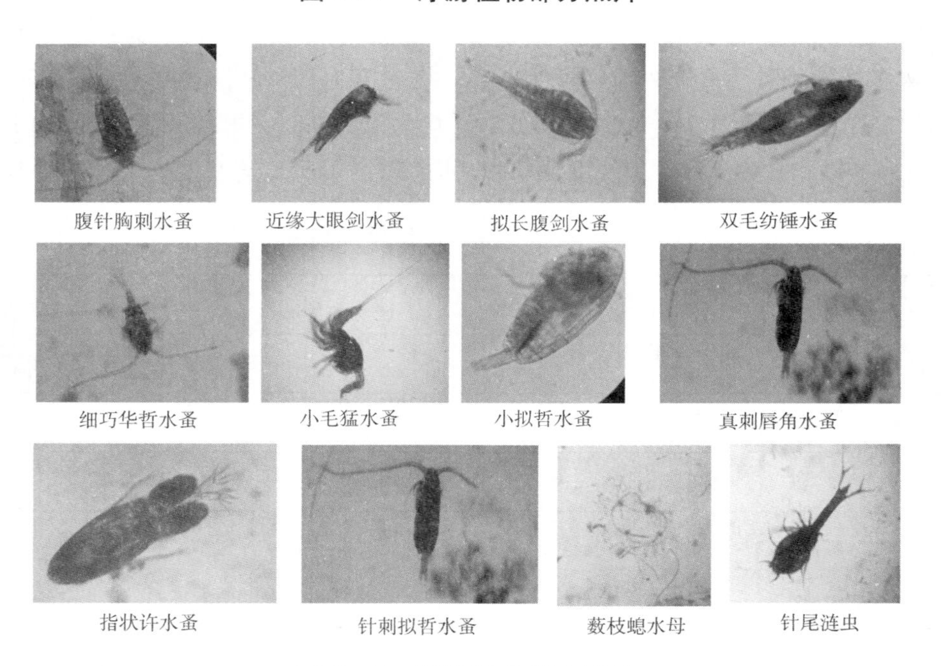

图3-27　浮游动物部分照片

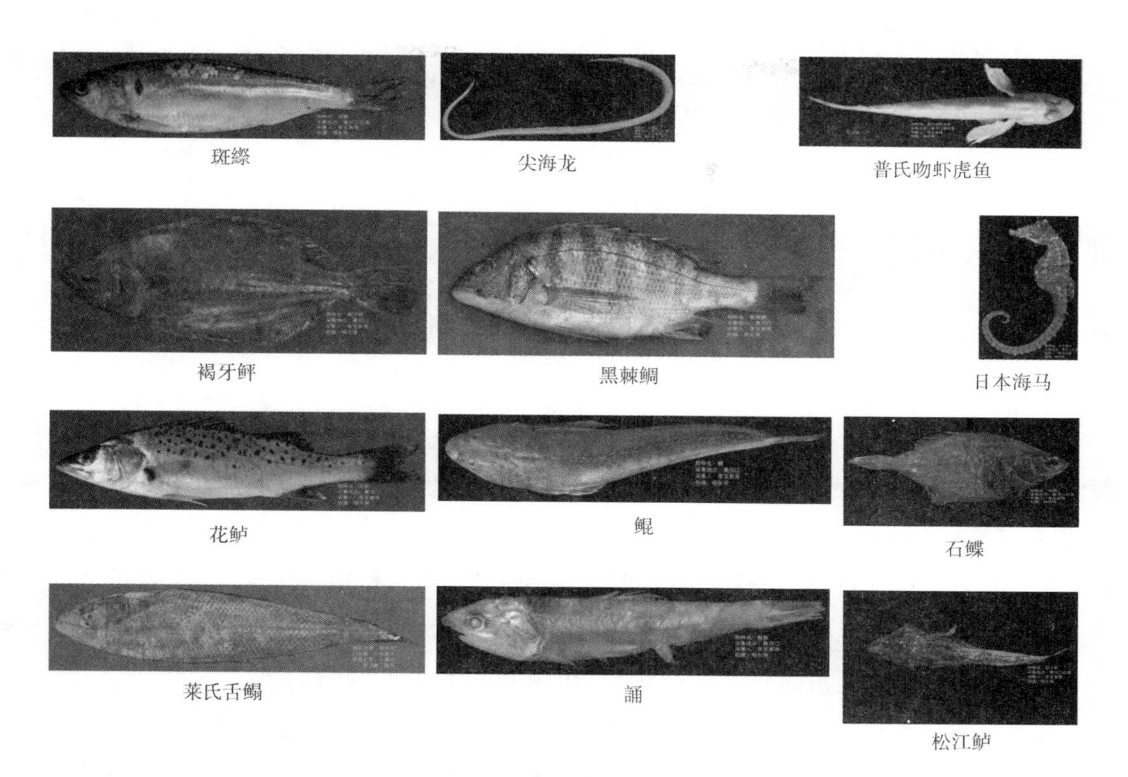

图 3-28 近海鱼类部分照片

第五章 两栖类调查

两栖动物分布广泛，除少数种类外一般都有水陆两栖生物史。因此，两栖动物的分布受到产卵水体、觅食与越冬生境的共同制约。与其他脊椎动物相比，两栖动物皮肤结构简单，没有鳞片或角质的保护，因此，任何环境因子发生变化即刻会影响到其生理作用。再者，两栖类的活动性都不好，避逃成功的机会不高。因此，两栖动物已成为重要的环境指示生物。长期、系统的监测各种生态因子及两栖动物物种和数量的变化已成为评估生物多样性的一个重要手段。

受生境破坏和人类活动干扰影响，两栖类在全球范围内严重退化。而目前有关滨海湿地中的两栖类群落分布、生境选择模式的研究还比较欠缺，为此，自然保护区开展了两栖类多样性调查，利用长期监测到的种群动态、环境变化、污染程度，来分析自然保护区内两栖类的多样性和生境选择模式，并找出影响其分布的关键因素，为加强黄河三角州生物多样性保护及合理开发利用提供科学依据。

一、调查时间和地点

调查时间：2017 年度野外工作分别于 4 月 23～28 日、6 月 21～27 日、8 月 21～27 日，分 3 期进行。

调查地点：自然保护区及周边。

二、监测方法

1. 样线法

在自然保护区内设置固定的监测样线，样线尽可能包含林地、耕地、草地、内陆水体、滨海湿地等具有本地区生态系统代表性、典型性的生境类型。限时步行调查并记录样线内发现的物种名称、数量，以及生境、地理坐标等信息。由于两栖动物多是夜行性，因此，白天主要巡视可能有两栖动物生存的环境，夜晚再去考察成体的情况。在林区内的湖、水塘或水坑及其周围，常为两栖动物集中繁殖场所，设置样线，统计发现的物种名称、数量等信息。样线调查在 4、6、8 月进行 3 次重复监测，每条样线在每个月份监测时，连续进行 3 次重复，并进行调查统计。

2. 人工覆盖物法

在自然保护区内外分别设置5个人工覆盖物样方，共10个人工覆盖物样方。用尺寸统一的瓦片（尺寸35cm×20cm），25片排列成一条线，2片瓦间距4m（图3-29）。每天早晨8～10点钟观测1次。连续观察6天。强度基本上与样线监测相同，调查时两种方法同步进行，只是人工覆盖物调查安排在当天上午8～10时，每个月份重复6次调查统计。

图3-29　人工覆盖物法布置与观测

3. 物种个体健康状况

采用肥满度（体长、体重）评估种群健康状况。

体长测量：利用游标卡尺测量吻肛距长度为体长（cm），见图3-30。

体重测定：用电子天平测量体重（g），见图3-30。

图3-30　体重测量

4. 监测样线及人工覆盖物设置

各条样线及人工覆盖物的地理坐标和相关信息见表3-15和表3-16。监测样线及人工覆盖物分布图见图3-31和图3-32。样线尽可能包含林地、溪流、湿地、水塘（坑）、耕地等典型生境类型。

图 3-31 样线分布图

表 3-15 样线的地理坐标和相关信息

样线名称及编号	起点	终点	长 (m)	宽 (m)	生境类型	人为干扰活动	
						类型	强度
1. 放雁区 3700341001	E: 119.15478 N: 37.74572	E: 119.15825 N: 37.74246	500	3	I.5	A.5	弱
2. 黄河故道停车场 3700341002	E: 119.14926 N: 37.74524	E: 119.14727 N: 37.74498	500	3	H.1	A.5	中
3. 天然柳林 3700341003	E: 119.14238 N: 37.74485	E: 119.13866 N: 37.74617	500	3	A.5	A.5	中
4. 芦苇荡 1 3700341004	E: 119.03492 N: 37.76314	E: 119.03492 N: 37.76761	500	3	D.7	A.5	弱
5. 芦苇荡 2 3700341005	E: 119.01162 N: 37.762	E: 119.01163 N: 37.76658	500	3	D.7	A.5	弱
6. 藕田 1 3700341006	E: 118.97098 N: 37.75052	E: 118.97107 N: 37.75464	500	3	C.1	B.6	强
7. 藕田 2 3700341007	E: 118.97291 N: 37.75511	E: 118.97379 N: 37.75126	500	3	C.1	B.6	强
8. 稻田 1 3700341008	E: 118.92783 N: 37.69417	E: 118.92623 N: 37.69848	500	3	C.1	B.6	强
9. 稻田 2 3700341009	E: 118.9203 N: 37.71506	E: 118.91875 N: 37.71932	500	3	C.1	B.6	强
10. 池塘 3700341010	E: 118.83491 N: 37.6962	E: 118.83628 N: 37.69303	500	3	G.1	B.6	弱

表 3-16 自然保护区人工覆盖物的地理坐标和相关信息

人工覆盖物的名称及编号	中心点 GPS	生境类型	人为干扰活动	
			类型	强度
1. 放雁区 3700344001	E: 119.15665 N: 37.74394	I.2	A.5	弱
2. 黄河故道停车场 3700344002	E: 119.14815 N: 37.74447	H.1	A.5	中
3. 天然柳林 3700344003	E: 119.13828 N: 37.74518	A.5	A.5	中
4. 芦苇荡 1 3700344004	E: 119.03475 N: 37.76686	D.7	A.5	弱
5. 芦苇荡 2 3700344005	E: 119.01178 N: 37.76423	D.7	A.5	弱
6. 藕田 1 3700344006	E: 118.97168 N: 37.75481	C.1	B.6	强
7. 藕田 2 3700344007	E: 118.97198 N: 37.75075	C.1	B.6	强
8. 稻田 1 3700344008	E: 118.9259 N: 37.69943	C.1	B.6	强
9. 稻田 2 3700344009	E: 118.91779 N: 37.72186	C.1	B.6	强
10. 池塘 3700344010	E: 118.83572 N: 37.69268	G.1	B.6	弱

图 3-32 自然保护区人工覆盖物分布图

三、监测结果

1. 种类组成

根据本次的监测结果可见自然保护区现有两栖动物 5 种，隶属 1 目 4 科 5 属(表 3-17 和图 3-33)。其中，蟾蜍科 2 种，占保护区两栖动物物种总数的 40%；蛙科、叉舌蛙科、姬蛙科各 1 种，均占保护区两栖动物物种总数的 20%。中华蟾蜍和花背蟾蜍的繁殖季节为 3 月下旬到 6 月上旬。黑斑侧褶蛙的繁殖季节为 3 月下旬到 4 月。北方狭口蛙的繁殖季节为 7、8 月。泽陆蛙的繁殖季节长达 5、6 个月，4 月中旬到 5 月中旬，8 月上旬到 9 月为产卵旺盛期。

表 3-17　自然保护区两栖动物名录

目	科	属	种
无尾目 Anura	蟾蜍科 Bufonidae	蟾蜍属 *Bufo*	中华蟾蜍 *Bufo gargarizans*
		花蟾属 *Strauchbufo*	花背蟾蜍 *Strauchbufo raddei*
	蛙科 Ranidae	侧褶蛙属 *Pelophylax*	黑斑侧褶蛙 *Pelophylax nigromaculatus*
	叉舌蛙科 Dicroglossidae	陆蛙属 *Fejervarya*	泽陆蛙 *Fejervarya multistriata*
	姬蛙科 Microhylidae	狭口蛙属 *Kaloula*	北方狭口蛙 *Kaloula borealis*

中华蟾蜍 *Bufo gargarizans*

黑斑侧褶蛙 *Pelophylax nigromaculatus*

北方狭口蛙 *Kaloula borealis*

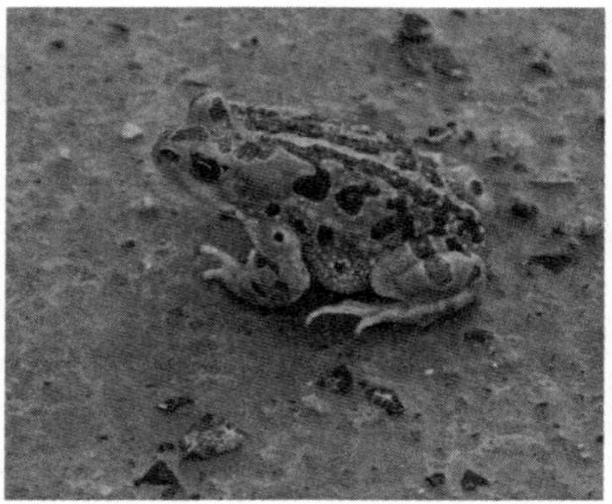
花背蟾蜍 *Strauchbufo raddei*

泽陆蛙 *Fejervarya multistriata*

图 3-33　自然保护区两栖动物

2. 样线法

两栖动物野外活动的种群数量受到各种环境因子如温度、湿度、水的酸碱度、降雨量、天气情况等的影响。下面是不同时间的气温、湿度、水温、pH。

2017 年 4 月 23～28 日，多云转晴，气温 7.5～15.6℃，湿度 34%～92%，水温 16.8～19.6℃，pH7.28～7.73，盐度 0.5‰～6‰。

2017 年 6 月 21～27 日，小雨转阴，气温 21.4～26.8℃，湿度 72%～87%，水温 24.6～26.5℃，pH6.5～7.8，盐度 0.5‰～6‰。

2017 年 8 月 21～27 日，晴转小雨，气温 26.1～31℃，湿度 44%～89%，水温 18～28.9℃，pH6.4～8.25，盐度 0.5‰～6‰。

从表 3-18 至表 3-21 可以看出，各条样线可监测到的两栖动物的个体数量 6 月份最多，其次为 8 月份，而 4 月份两栖动物较少。这可能是因为 4 月份气温较低，野外活动的两栖动物较少的缘故，随着气温的上升，6 月份和 8 月份的两栖动物逐渐增多。

从表 3-18 可见，中华蟾蜍、花背蟾蜍皆为 6 月份最多、8 月份中华蟾蜍较少，4 月份没有在样线上发现一只中华蟾蜍，花背蟾蜍在 4 月份也发现较多，但 8 月份却较少。4 月和 8 月份均发现较多的黑斑侧褶蛙，但是 6 月份较少，6 月份发现大量的北方狭口蛙。泽陆蛙呈现逐渐上升的趋势，在 8 月份达到最高峰。

表 3-18　2017 年自然保护区两栖动物样线调查

月份	中华蟾蜍	花背蟾蜍	黑斑侧褶蛙	北方狭口蛙	泽陆蛙	两栖动物总量
4 月份	0	55	116	0	0	171
6 月份	31	66	54	343	8	502
8 月份	28	15	221	54	37	355
3 个月的总量	59	136	391	397	45	1028

3. 人工覆盖物法

2017 年人工覆盖物效果较去年明显变好，3 个月共监测到 9 只（表 3-19），但与样线相比，效果仍然较差，分析原因可能有两个：①自然保护区的两栖动物种群密度较小，虽人工覆盖物法设了 10 个样方，每个样方设了 25 片瓦，共覆盖了 250 片瓦片，但因覆盖面积较小，两栖动物能恰好进去躲藏的机率甚少；②黄河三角洲地区多为盐碱地，虽然样线设在周围水域盐度较小的地方（0.5‰～3‰），但地面仍能明显地看到白碱冒出，两栖动物皮肤薄，对盐敏感，可能不愿意长期逗留在含盐碱的土壤上。

表 3-19　2017 年自然保护区两栖动物人工覆盖物调查

月份	中华蟾蜍	花背蟾蜍	黑斑侧褶蛙	北方狭口蛙	泽陆蛙	两栖动物总量
4 月份	0	3	0	0	0	3
6 月份	0	0	1	1	3	5

（续）

月份	中华蟾蜍	花背蟾蜍	黑斑侧褶蛙	北方狭口蛙	泽陆蛙	两栖动物总量
8 月份	0	0	1	0	0	1
3 个月的总量	0	3	2	1	3	9

各样线记录的物种种类与物种数量以及月份变化见表 3-20。

表 3-20　2017 年各样线物种情况及月份变化表

样线编号	样线名称	物种种类（种）				物种数量（只次）			
		4 月	6 月	8 月	总计	4 月	6 月	8 月	总计
3700341001	1. 放雁区	0	2	3	3	0	4	15	19
3700341002	2. 黄河故道停车场	0	4	4	4	0	156	17	173
3700341003	3. 天然柳林	1	4	4	4	1	193	126	320
3700341004	4. 芦苇荡 1	0	3	1	3	0	7	2	9
3700341005	5. 芦苇荡 2	0	3	1	3	0	14	3	17
3700341006	6. 藕田 1	1	3	1	3	20	12	2	34
3700341007	7. 藕田 2	2	1	1	3	44	20	4	68
3700341008	8. 稻田 1	2	2	2	2	12	14	34	60
3700341009	9. 稻田 2	2	2	2	2	44	60	39	143
3700341010	10. 池塘	2	1	3	4	48	22	113	183
	总 计	2	5	5	5	171	502	355	1028

四、分析与讨论

1. 物种种群数量的月际变化

两栖动物物种数量及每月只次数如表 3-21 所示。

表 3-21　两栖动物监测物种种群数量月际变化表

序号	物种名	4 月		6 月		8 月		平均占比
		数量（只）	占比	数量（只）	占比	数量（只）	占比	
1	中华蟾蜍	0	0.000	31	0.062	28	0.084	0.057
2	花背蟾蜍	55	0.322	66	0.131	15	0.045	0.132

（续）

序号	物种名	4月		6月		8月		平均占比
		数量（只）	占比	数量（只）	占比	数量（只）	占比	
3	黑斑侧褶蛙	116	0.678	54	0.108	221	0.660	0.380
4	北方狭口蛙	0	0.000	343	0.683	54	0.161	0.386
5	泽陆蛙	0	0.000	8	0.016	37	0.110	0.044
	总计	171	1.000	502	1.000	335	1.000	1.000

2. 物种优势度

2017 年自然保护区共监测到两栖类 1028 只，根据 3 次观察期间物种的总观察只次数据得到监测地区内的物种优势度组成，如表 3-22 所示。

表 3-22　2017 年山东黄河三角洲样区物种优势度

物种名	物种数量（只次）	优势度 P_i（物种只次 / 总只次）
中华蟾蜍 *Bufo gargarizans*	59	0.0573930
花背蟾蜍 *Strauchbufo raddei*	136	0.1322957
黑斑侧褶蛙 *Pelophylax nigromaculatus*	391	0.3803502
北方狭口蛙 *Kaloula borealis*	397	0.3861868
泽陆蛙 *Fejervarya multistriata*	45	0.0437743

由表 3-22 数据可得出：黑斑侧褶蛙和北方狭口蛙在监测期间此监测地区内的优势度较高。

3. 监测区域两栖动物面临的威胁因素

从图 3-34 可见，2016 年和 2017 年度的 4 月份，两栖动物的数量都较少，2016 年是 8 月份两栖动物数量最多，而 2017 年是 6 月最多。在两个年度中的黑斑侧褶蛙和北方狭口蛙均为优势物种。而中华蟾蜍和泽陆蛙的数量较少。对此地两栖动物的威胁因素主要有两个，分别是基础建设及农药使用。

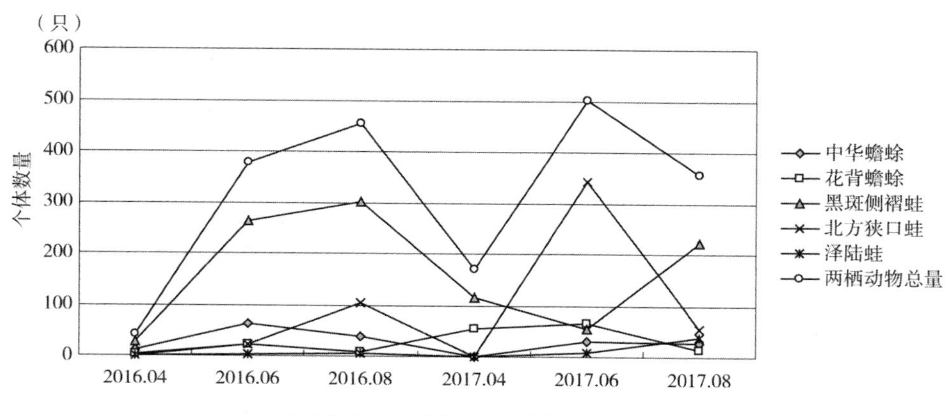

图 3-34　黄河三角洲两栖动物

第四篇
植物调查

第一章

2016—2017年黄河口日本鳗草生态特征调查

海草指的是海洋中生存的显花植物，是由单子叶植物于70～100万年前进化而来。海草广泛分布于温带和亚热带沿海的潮间带和潮下带。目前，全球海草已知只有6科72种。与陆地被子植物相比，海草的种类多样性非常低，但海草床具有非常丰富而重要的生态功能，是世界上分布最广泛、最具生产力的沿海生态系统。

然而，海草退化已经成为全球性问题。1980—2006年世界范围内海草退化速率是110km^2/年，而该速率正以每年7%的速率增加，据估计1879—2009年已知的海草面积中有29%已经消失。在中国，海草退化形势更为严峻，从20世纪90年代至今，大量先前报道的海草床已经难觅踪迹。

中国海岸线漫长，共分布有海草22种，隶属于4科10属，占全球海草种类的30%。郑凤英等（2013）将中国海草分布区划分为南海分布区（海南、广西、广东、香港、台湾和福建沿海）和黄渤海分布区（山东、河北、天津、辽宁沿海）。南海分布区海草共有9属15种，海草床以喜盐草为主，黄渤海分布区海草共有3属9种，其中鳗草分布最广。

值得注意的是，唯一在南海和黄渤海分布区均有分布的海草种类是日本鳗草，可适应温带和亚热带海洋环境。日本鳗草原是亚洲特有的种类，分布北起俄罗斯库页岛（Sakhalin），南至越南东京（Tonkin）。20世纪30年代开始被引入北美太平洋沿岸，并且面积不断扩展。文献等资料记载，中国日本鳗草的分布曾经非常普遍，辽宁、河北、山东、香港、福建和广东、广西地区均有分布。在山东省境内，日本鳗草曾出现于潍坊、烟台、威海、青岛和日照沿海地区。但近年来笔者实地调查发现，大部分已发现的日本鳗草床已经被人类活动如滩涂养殖、拖网、海岸建设等破坏威胁，生境破碎、面积锐减甚至消失的情况比比皆是。

振奋人心的是，近年在自然保护区的潮间带分布大面积连续的日本鳗草草床。草床呈现了良好的生长状态，得益于其处于黄河口保护区腹地，免受剧烈的人类活动影响。从2015年至今，笔者开展日本鳗草季度性调查，基本掌握了其生长繁殖季节特征及其环境条件，对今后自然保护区内对海草床的保护和管理提供基本理论依据。

一、调查站位

调查站位的选择依据道路通行情况，并考虑到对黄河两侧均进行调查的需求，选择了3处草床作为站位，分别是DYⅠ（27° 51′ 7″ N，119° 5′ 47″ E）、DYⅡ（37° 48′ 9″ N，119° 9′ 49″ E）、DYⅢ（37° 43′ 45″ N，119° 14′ 29″ E）（图4-1）。

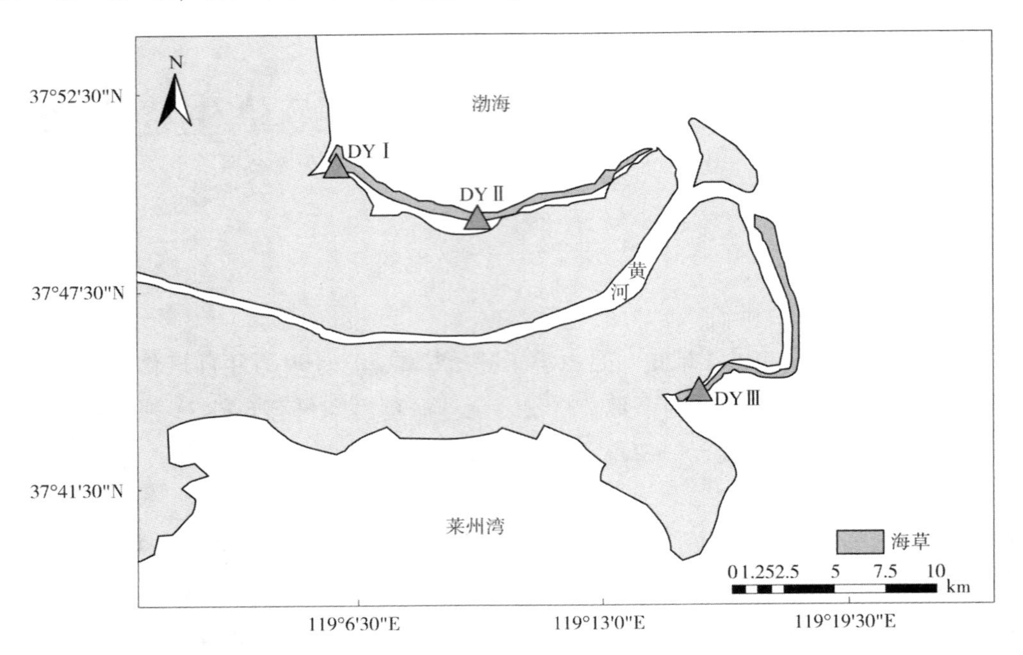

图4-1　自然保护区日本鳗草分布及调查站位示意图

（绿色区域代表海草床，红三角代表3个调查站位DYⅠ、DYⅡ和DYⅢ）

二、调查方法

（一）面积

2015年8月，日本鳗草生长旺季利用步行、走船、无人机航拍、GPS定位相结合，估测矮大叶藻床的分布面积。

（二）生物量等基本生态指标

从2016年6月至2017年5月按季度对3个站位日本鳗草的生物量、种子产量、底质种子库等指标进行了系统调查。站位DYⅠ、DYⅡ、DYⅢ分别设置1个、3个、1个垂直于岸向海延伸的剖面（图4-2）。DYⅠ和DYⅡ调查剖面的第一个点位设置于互花米草与日本鳗草混生的区域，沿向海方向每隔50m设为一个点位，按照草床宽度设置7～10个点位，最末的点位位于草床向海端边缘位置。DYⅢ海草床所处地形比较特别，因为垂直于岸和平行于岸的方向均建设有水泥道路，使海草床处在近似于U形的水域内，调查剖面起点定在U形口的底端，向U形口方向延伸。初步步行调查发现DYⅢ海草床由U形底部向口外延伸，可达1km余，考虑到实际工作量，将点位设置为7个。

DYⅠ和DYⅢ每个点位附近随机采集3个柱状样（直径10.6cm，高12cm），DYⅡ每个点位附近随机采集2个柱状样。现场用铝制筛子（孔径0.8mm）筛洗样品，将筛子内剩余的海草组织以及筛子内可能包合种子的细砂、贝壳等杂质一起装袋，带回实验室冷藏保存并及时处理。测量日本鳗草茎枝密度、茎枝高度、生物量（地上部分和地下部分）、花枝密度及比例，并人工挑选和计数泥砂杂质中的种子。

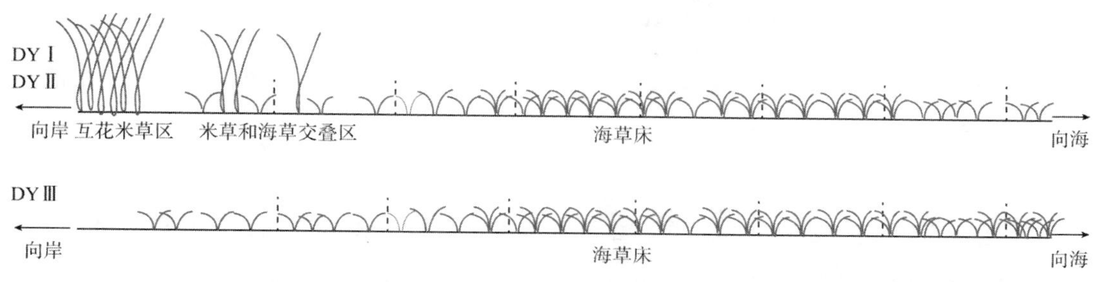

图4-2 日本鳗草床各调查站位（DYⅠ、DYⅡ、DYⅢ）剖面布设示意图

三、结果

（一）草床面积

黄河口日本鳗草生长高峰期为7～8月，面积达到最大，盖度近100%。8月利用跑船和无人机观测，DYⅠ和DYⅡ两处草床是相连的，并且向河口方向延伸，到达盐度接近0的区域海草非常稀疏。DYⅢ处草床两个方向被水泥堤路阻隔，堤路另一侧也有大片茂密海草床，向河口方向延伸。初步估计黄河口两侧海草床面积可达逾1000hm^2。

（二）海草地上生物量和地下生物量时空变化

三个站位海草生物量均呈现出鲜明的季节变化，尤其地上部分的季节差异更为显著（$P<0.01$），8月份达到最大值，秋冬季节迅速衰退。地下生物量占总生物量的比例呈现出夏季低冬春高的特点，以DYⅠ为例，其地下生物量比重8月为31.42%±15.35%，10月的值与此较为接近，而6月和12月的值显著高于8月，分别达到73.16%±12.28%和85.42%±5.22%（图4-3）。

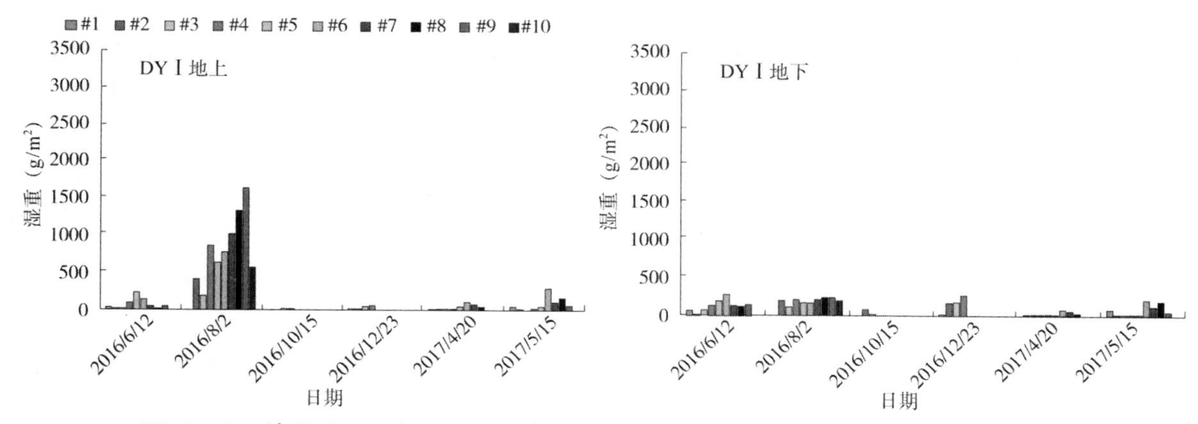

图4-3A 站位DYⅠ和DYⅢ日本鳗草生物量（地上&地下部分）时空变化

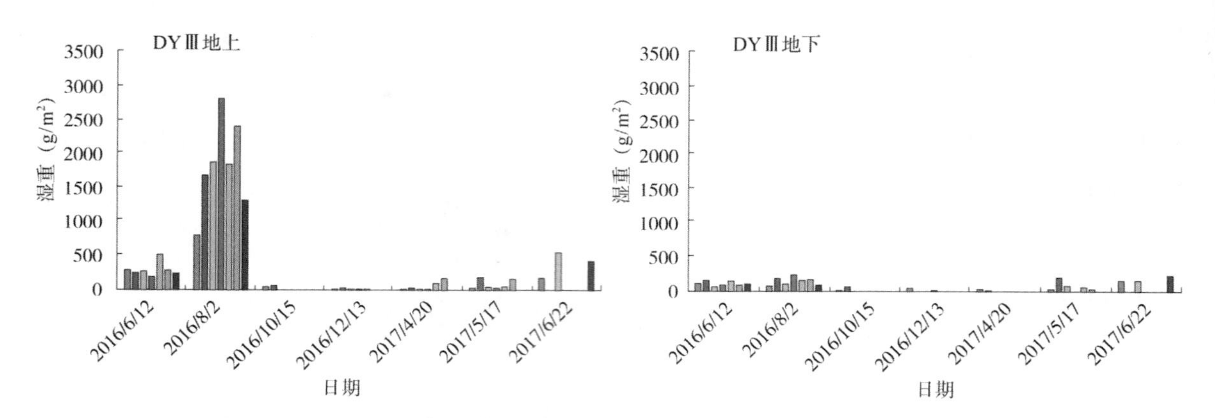

图 4-3B　站位 DYⅠ和 DYⅢ日本鳗草生物量（地上 & 地下部分）时空变化

海草地上生物量和地下生物量沿剖面的变化并不是完全一致的，不同站位、同一站位不同剖面均有所差异，其中地上生物量季节变化更为显著。8 月份，DYⅠ地上生物量在剖面中后区域较高，在剖面前端也即向陆侧以及剖面末端较低，并且在剖面前端生物量沿剖面呈升高的趋势。DYⅡ三个剖面生物量变化显示，不同月份生物量沿剖面的变化趋势不同。春季 4～6月，生物量沿剖面有逐渐增加的趋势，但至 8 月份时这一趋势明显减弱（图 4-4）。

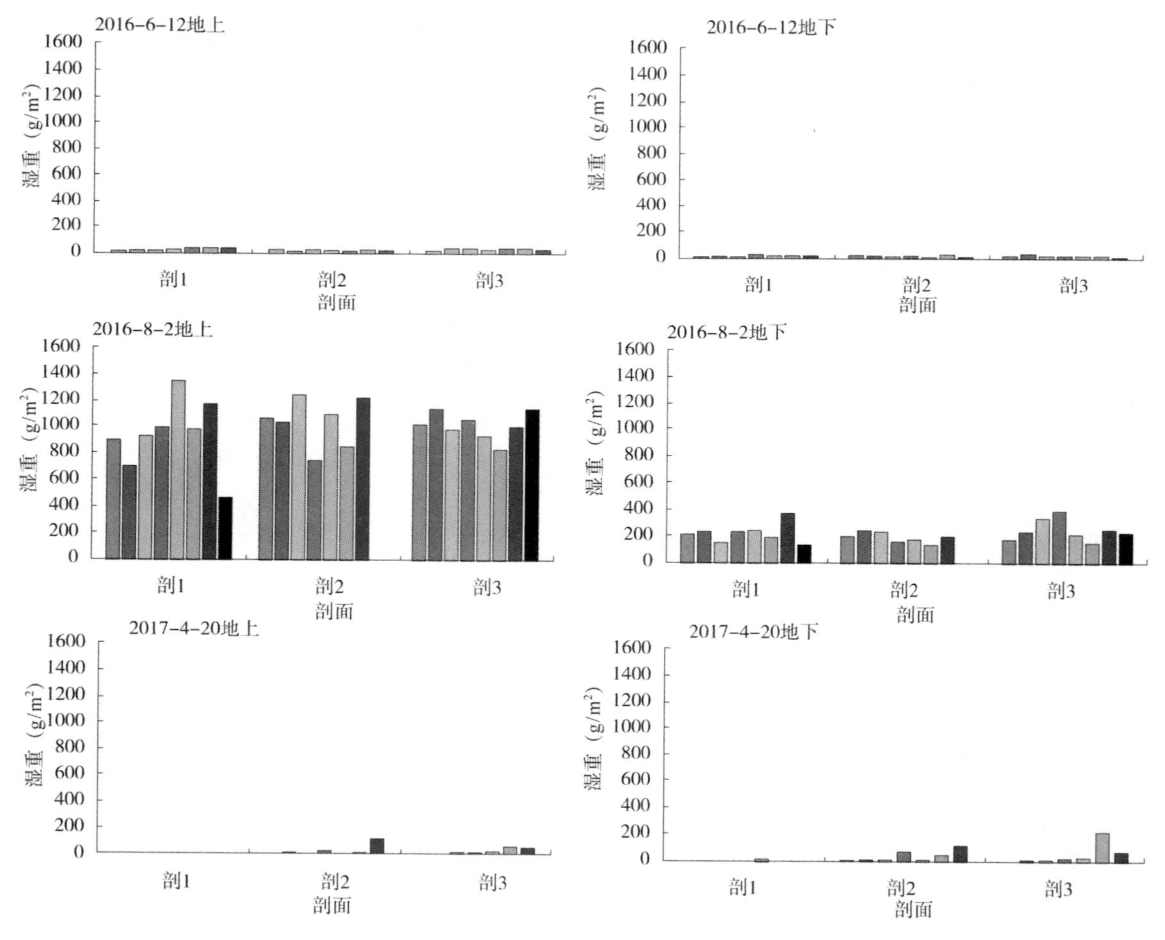

图 4-4A　站位 DYⅡ日本鳗草生物量（地上 & 地下）时空变化

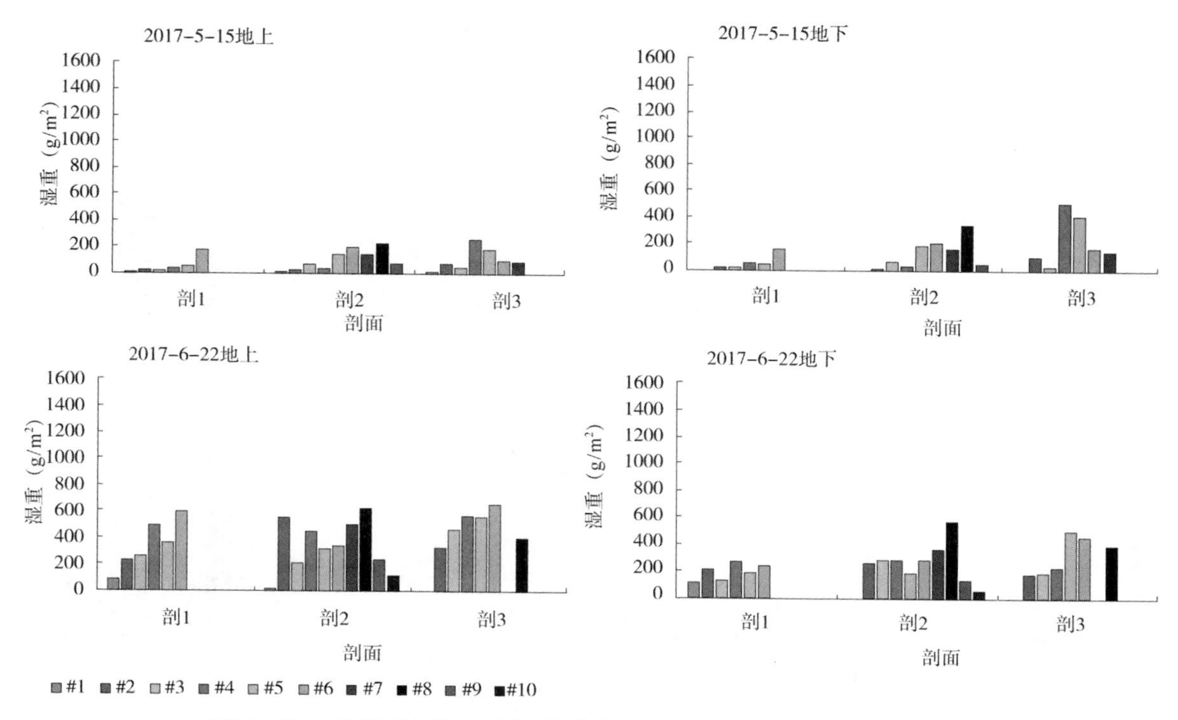

图 4-4B　站位 DYII 日本鳗草生物量（地上 & 地下）时空变化

（三）海草茎枝密度时空变化

黄河口日本鳗草茎枝密度随月份变化显著。4～5 月密度快速增加，至 6 月有显著的下降。这是茎枝密度第一次快速增加和下降，是因为种子大量萌发，刚萌发出地面的胚芽也计算在内，6 月萌发基本结束，大量种苗死亡，导致密度急剧下降。6～8 月，茎枝密度再次快速增加，这是成活的种苗以及过冬茎枝快速克隆繁殖的结果（图 4-5）。进入 10 月茎枝迅速衰退，密度极低。

从空间分布来看，4～6 月茎枝密度随着剖面的延伸增加，在剖面的向海端密度较高。至 8 月，茎枝密度随剖面的变化不显著。

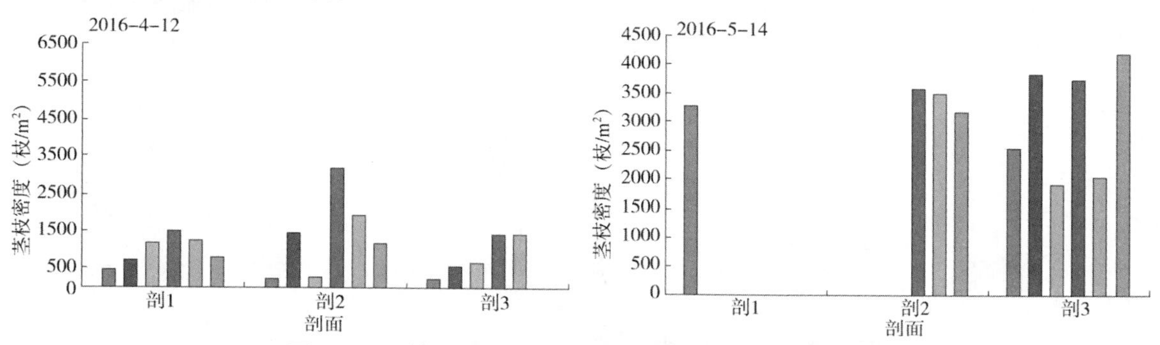

图 4-5A　站位 DYII 日本鳗草茎枝密度时空变化

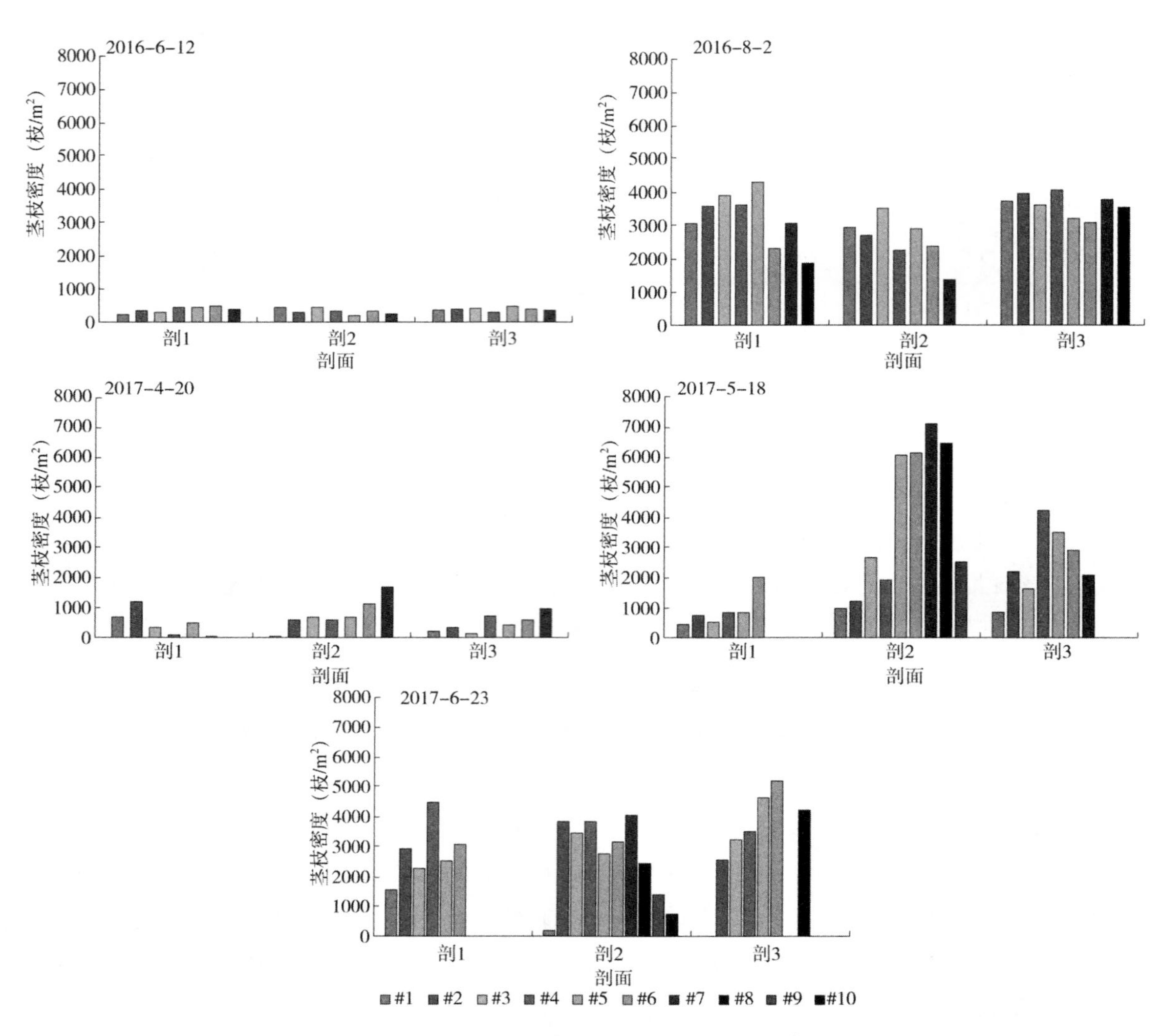

图 4-5B　站位 DYII 日本鳗草茎枝密度时空变化

黄河口日本鳗草在 6 月中下旬进入花期，8 月进入花盛期且种子开始成熟，9 月种子大量成熟，10 月茎枝急剧衰退，花枝也几乎消失（图 4-6）。

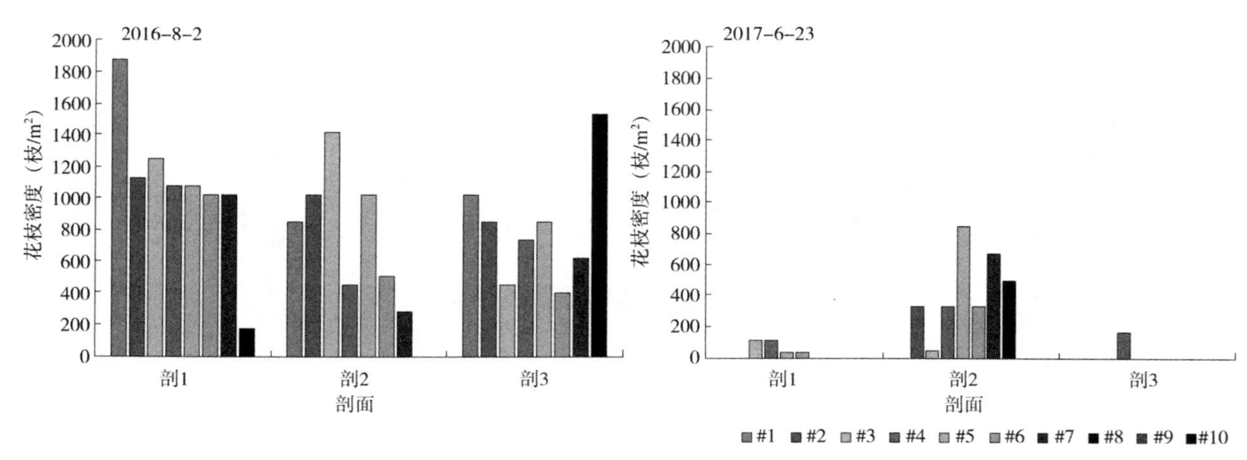

图 4-6　站位 DYII 日本鳗草花枝密度时空变化

（四）底质种子库时空变化

种子库在底质中的分布非常不均匀，往往聚集出现。但是，种子库整体而言季节变化显著(P<0.01)，花期结束后（10～11 月）种子库密度最高，随着时间逐渐降低，进入春季萌发期显著降低（图 4-7）。春季采样过程中，观察到种子腐败现象，可能是黄河口底泥有机质含量高而气温升高快，导致部分种子未来得及萌发就腐败变质。另外，底质中种皮的数量远高于种子的数量，例如 2016 年 11 月，DYⅢ3 个剖面各样方内种皮的数量是其对应种子的 3～14 倍不等。这意味着，大量的种子扩散出了草床。

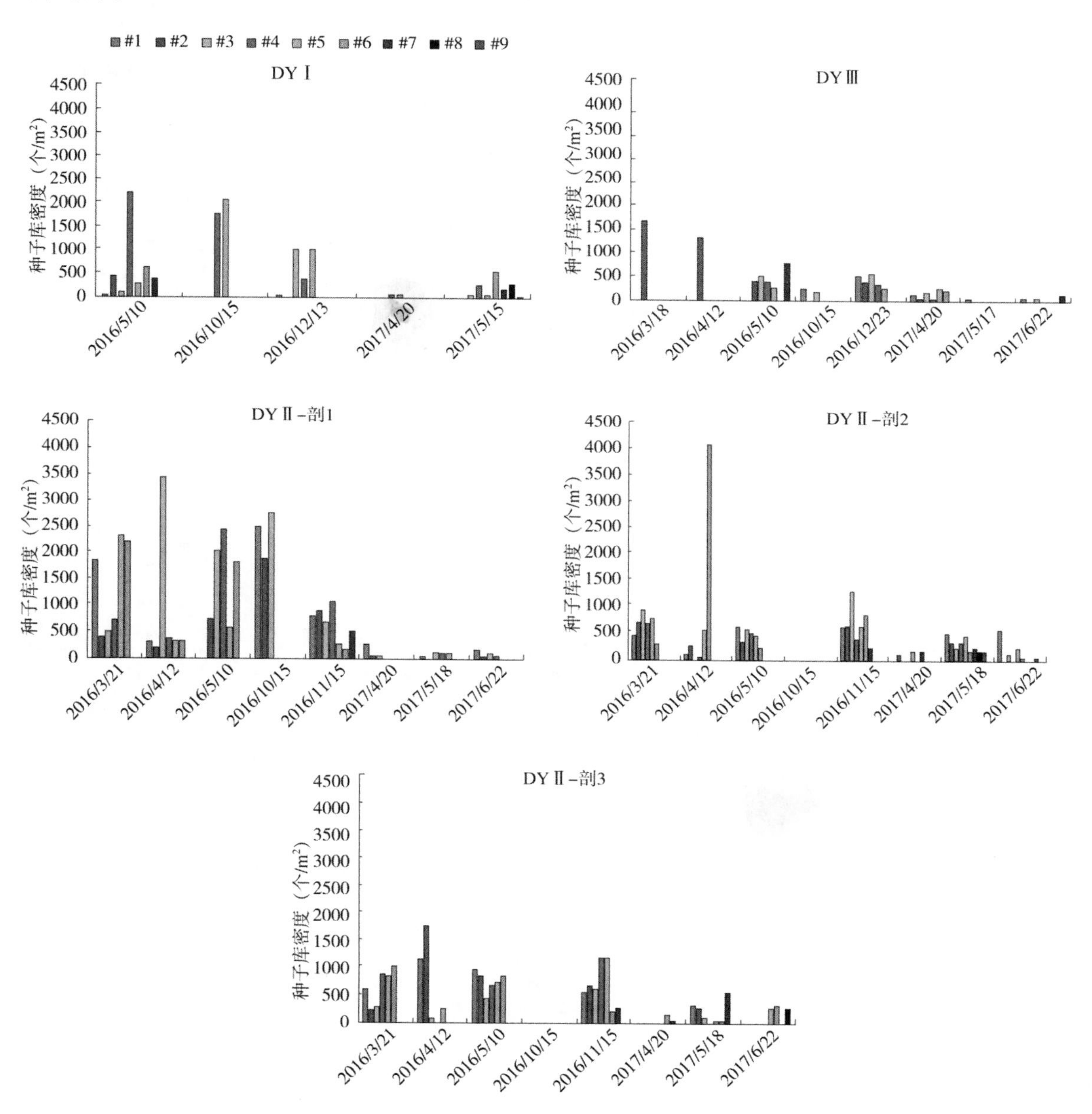

图 4-7 三个调查站位日本鳗草种子产量时空变化

四、讨论

黄河口区域海草床为目前国内发现的面积最大的日本鳗草海草床，也是面积最大的单种海草床。该草床分布于人迹罕至的保护区内，生态景观得到了较好的保护。黄河口日本鳗草生物量与其他文献报道的种群相比处于中等水平。现场调查结果显示黄河口日本鳗草有性繁殖是该草床的主要补充方式。

但是黄河口日本鳗草海草床的生存仍然面临着严峻的威胁，主要是互花米草的扩散对海草床生境形成了侵占。在 DYⅠ 和 DYⅢ设置的调查剖面靠岸端第 1～2 个点位均已被米草占据。互花米草主要通过种子进行扩散，萌发时间与海草相同，但是其种苗具有更强的成活率，并且生长迅速，日本鳗草在竞争中完全处于劣势。

第二章

互花米草在黄河三角洲滨海湿地的入侵机制、扩展动态及其防治措施研究

一、研究目标

比较不同物理、化学措施或生物措施对互花米草控制的效果，确定黄河三角洲地区防治互花米草的最优方案。

二、主要研究进展和阶段性成果

（一）互花米草物理防治研究

1. 刈割＋淹水综合防治——培养试验

刈割可以快速去除地上植株，有效限制地上部分的光合作用，减少根部能量的储存，使植物的再生潜力锐减，从而抑制其生长和繁殖。互花米草虽是耐淹植物，但其生境一般是受潮汐影响的间歇性淹水，持续淹水胁迫会抑制互花米草的生长。单一的刈割或淹水胁迫无法有效控制互花米草，若在刈割互花米草后保持一定的土壤淹水深度，可显著抑制根茎的克隆繁殖及种子萌发。

(1) 室内培养试验设计

2016 年 12 月 7 日，在黄河入海口南侧的 121 油井附近采集互花米草根系。选取密度和株高相近的区域，齐地剪去互花米草的地上部分，采集 20 组带土壤的根系样品（土方的长 × 宽 × 高 = 20cm × 20cm × 15cm，图 4-8），将根系带回实验室进行培养试验。

12 月 9 日，开始根系萌发的淹水控制培养试验，将 20 组原土根茬分别放在 20 个装有海水的桶中。实验设 4 个深度的淹水处理，淹水深度分别为 0cm、5cm、10cm 和 20cm，各处理均设 5 个重复，0cm 水深为对照处理，有少许淹水以保持土壤水分饱和状态。最后将水桶放置于人工气候室，人工气候室的温度设为梯度变化（20～25℃），0:00 温度最低、12:00 温度最高；光照周期设 8:00～22:00 为明期（光强约 5400lx）、22:00～8:00 为暗期。定期观察记录根系萌发情况，根据需要适时补水至设定水位，每隔 3 天更换桶内海水。持续淹水 3 个月后，第二次刈割地上植株，然后继续淹水(图 4-11)。

图 4-8　采集互花米草根系

更换海水时测定各桶内萌发的幼苗株数和株高，测株高时，在实验初期于每个桶中选择 3 株较高的米草，跟踪监测。第二次刈割后，称量地上生物量，实验结束后，清洗根系，称量地下生物量。

(2) 阶段性监测结果

①不同淹水处理对互花米草幼苗萌发的影响。实验进行 2 天后各水深处理均有幼苗萌发，幼苗分为两类，一是从土壤中的根茎上萌发，二是从根茬的芯中萌发，以前者为主。根茬芯中萌发的新芽，在实验进行 6 周后，几乎全部死亡。没有发芽的根茬，逐渐枯死腐烂。

不同深度的淹水处理均显著抑制了根系萌发（图 4-9 至图 4-11）。

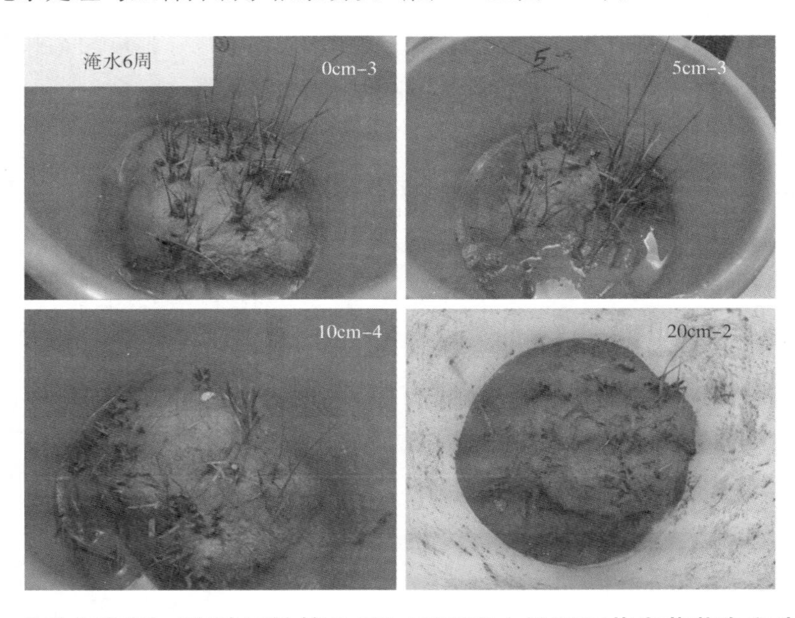

图 4-9　首次刈割后（实验开始第 6 周）不同淹水处理互花米草萌发和生长情况

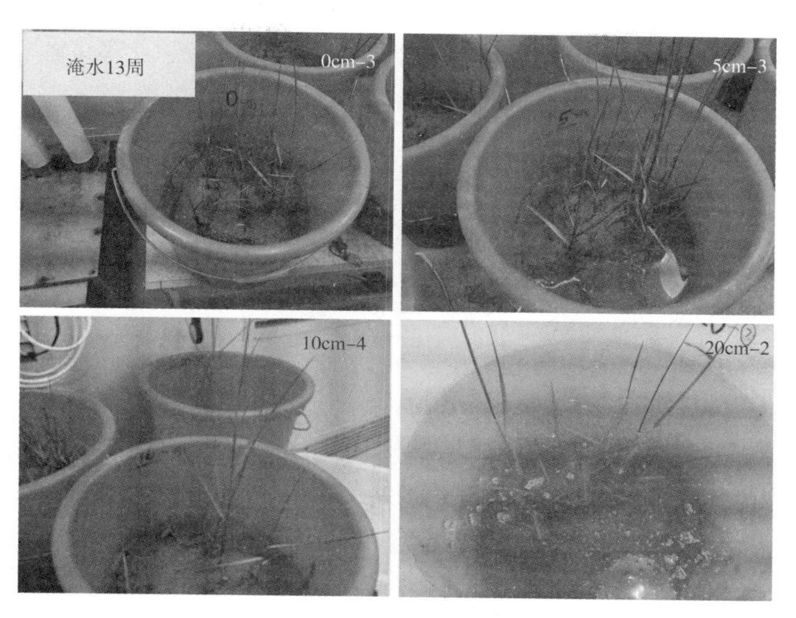

图 4-10 首次刈割后（实验开始第 13 周）不同淹水处理互花米草萌发和生长情况

实验开始 2 周内，对照处理的幼苗数量增速最快，4 周后各处理的幼苗株数趋于稳定，对照 5cm、10cm 和 20cm 淹水处理的米草株数分别为 54±4（平均值 ± 标准误）、31±5、21±3 和 22±5（图 4-11）。8 周后各淹水处理的米草出现死亡，株数开始减少，以 20cm 水深处理减少最快。与第 5 周时相比，12 周后对照、5cm、10cm 和 20cm 淹水处理的米草株数分别减少了 13%、46%、45% 和 77%，20cm 淹水处理的米草平均株数仅为 5 株。对照处理中死亡的互花米草均是非常矮小的，可能是因为密度大而导致矮小植株的光照不足同时摄取养分的能力差，从而导致死亡。另外，第 13 周 5cm 和 10cm 淹水处理中出现种子萌发的实生苗，第 14 周 20cm 淹水处理中出现实生苗。

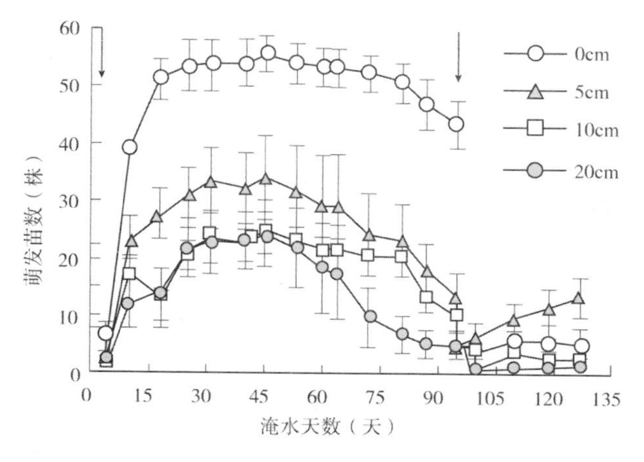

图 4-11 刈割后不同淹水深度处理的互花米草萌发苗数（箭头为刈割时间）

第 14 周（第 95 天），第二次刈割地上植株，并拔除了实生苗。刈割后 5 天内各处理均出现新的实生苗，但对照处理的 2 个桶和 20cm 处理的 1 个桶在刈割后两周内一直没有萌发实生苗。5cm 处理的实生苗株数最多，20cm 处理的株数最少（图 4-12）。

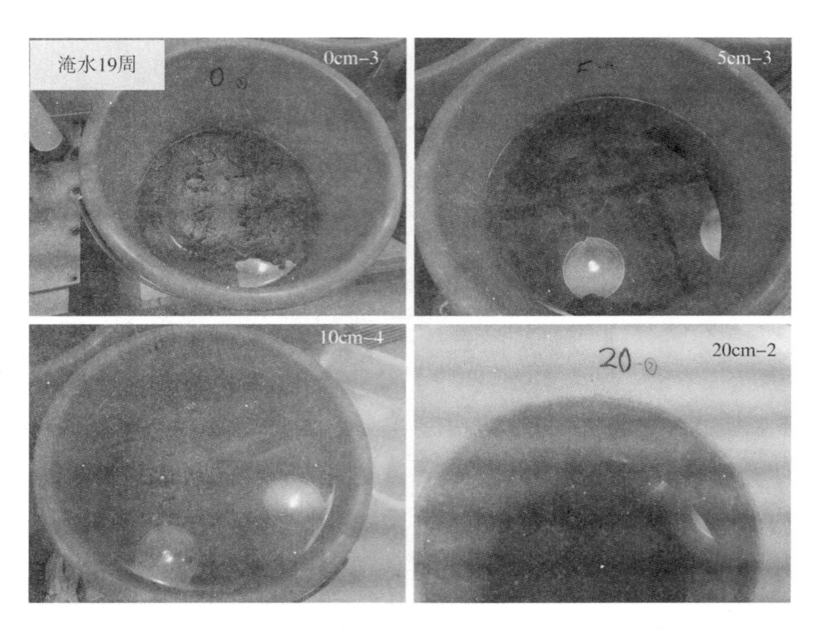

图 4-12　第二次刈割后（实验开始第19周）不同淹水处理互花米草萌发和生长情况

②不同淹水处理对互花米草新萌发幼苗生长的影响。图 4-13 为株高监测数据，可以看出，各淹水处理均不同程度地抑制互花米草幼苗的生长，实验开始 9 周内，各淹水处理的单株株高和平均株高均低于对照处理，但此后对照处理的植株生长相对缓慢，可能是由于植株密度大、营养不足所致。第 14 周第二次刈割时，5cm 和 10cm 处理的克隆苗平均株高分别比对照处理高 21%（$p>0.05$）和 35%（$p<0.01$），20cm 处理的株高最低，比对照处理低 12%（$p>0.05$）。

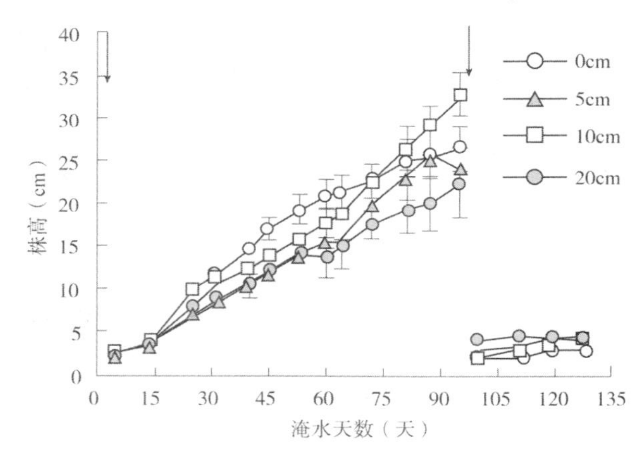

图 4-13　刈割后不同淹水深度处理的幼苗株高（箭头为刈割时间）

③不同淹水处理对互花米草根系的影响。刈割地上植株后，持续淹水会影响互花米草根系的活性，甚至导致根系死亡。图 4-14 为刈割 + 持续淹水 18 周后互花米草根系的照片，左边四张照片为根状茎，右边四张照片为须根。可以看出，5cm 和 10cm 淹水处理根系的颜色与对照处理差别较小，但 20cm 淹水处理根状茎和须根均已变黑，很可能已经死亡并开始腐烂。

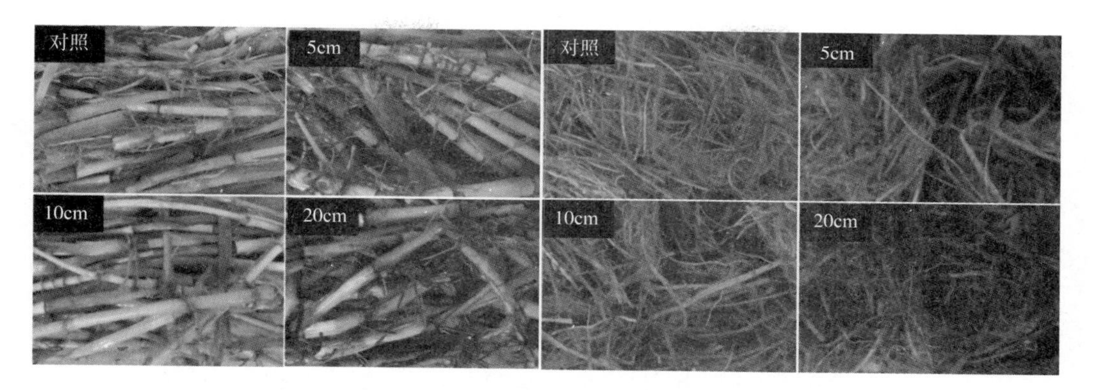

图 4-14　持续淹水 18 周后的互花米草根系

(3) 小结

刈割后持续淹水 20cm，能显著抑制互花米草根茎的无性繁殖能力和克隆苗的生长，对互花米草的无性繁殖有非常好的控制效果，另外可以降低种子的萌发率，抑制有性繁殖。

2. 野外原位试验——刈割 + 淹水综合防治

互花米草属于克隆植物，其繁殖方式包括有性繁殖和无性繁殖，即种子萌发和地下根茎的克隆繁殖。互花米草克隆苗生长 2 个月后，其高度为 20～30cm，实生苗生长 2 个月后，其高度一般小于 5cm。针对有性繁殖和无性繁殖，设计了不同的试验方案。

(1) 野外原位试验——控制无性繁殖

①试验方案。121 油井东南侧的潮间带为互花米草新入侵区域（图 4-15），米草扩张迅速，2016 年时互花米草基本呈斑块状分布，2017 年时已经蔚然成片（图 4-16）。

图 4-15　互花米草野外防治实验区

图 4-16　互花米草扩张迅速（同一地点拍摄）

2016 年 8 月下旬，在该区域布设刈割 + 淹水综合防治米草的野外原位防治试验（图 4-17）。每个月跟踪调查 1～2 次，并对小区进行必要的维护（图 4-18）。

图 4-17　2016 年布设野外防治试验

图 4-18　野外控制试验小区维护

2017 年，继续监测刈割 + 淹水的防治效果，根据室内培养的结果，增加了刈割时间和淹水深度的交互试验。

刈割处理：设计不同刈割时间和次数的 2 个处理。刈割 1：只刈割 1 次，时间在互花米草快速营养生长期（6 月上旬）。刈割 2：刈割 2 次，第一次刈割在快速营养生长期（6 月上旬），第二次刈割在互花米草扬花期（8 月上旬），每个处理均设 6 个重复小区，随机选择 6 个互花米草斑块，每个斑块一分为二，作为 2 个刈割处理。

淹水处理：设计 5 个淹水深度梯度，0cm、10cm、20cm、30cm 和 40cm，0cm 水深作为对照处理，对其中的互花米草不进行刈割，每个处理均设 6 个重复。在每个刈割小区中，把内直径 31cm 的 PVC 管打入地下 40cm，地上露出高度分别为 0cm、10cm、20cm、30cm、40cm，PVC 管中可保持相应深度的淹水。

图 4-19 为小区布设示意图。

②试验初步结果。刈割与淹水交互作用：刈割 + 淹水可以有效抑制互花米草根茎的克隆繁殖，淹水 10cm 和 20cm 的抑制效果稍差，淹水 30cm 和 40cm 时，无论在 6 月初刈割还是 8 月初刈割地上植株，淹水均可完全抑制互花米草根茎的克隆繁殖(图 4-20)。6 月初刈割处理的 6 个重复小区中，只有一个小区有互花米草幼苗，有可能是刈割时遗漏的小苗。

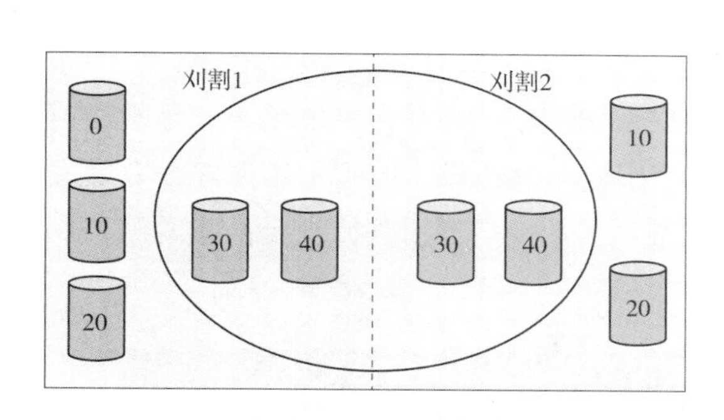

图 4-19　刈割 + 淹水综合措施小区设计图

注：刈割 1 和刈割 2 表示不同的刈割处理，
0、10、20、30、40 表示淹水深度。

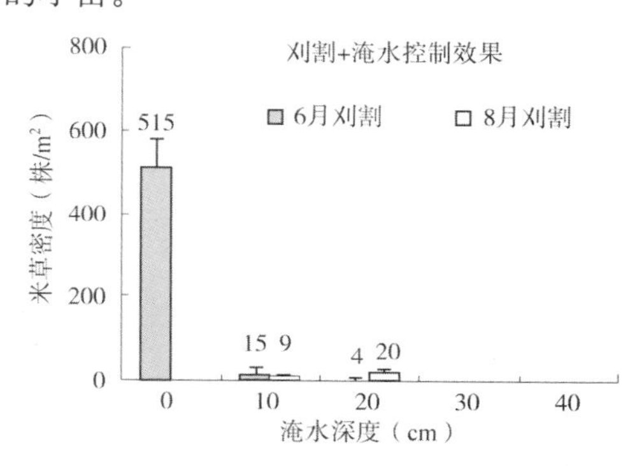

图 4-20　刈割 + 淹水对互花米草克隆繁殖的抑制

防治效果的跟踪监测：2017 年跟踪监测发现，刈割 + 淹水综合措施对互花米草有很好的控制效果，第二年春天，试验小区内没有萌发新的互花米草，小区内出现了大量本土海草—矮大叶藻(图 4-21)，这说明，清除了互花米草，有利于本土海岸带生态系统的恢复。

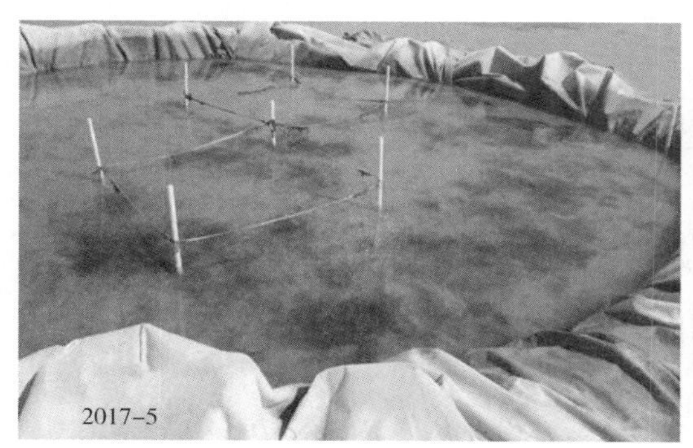

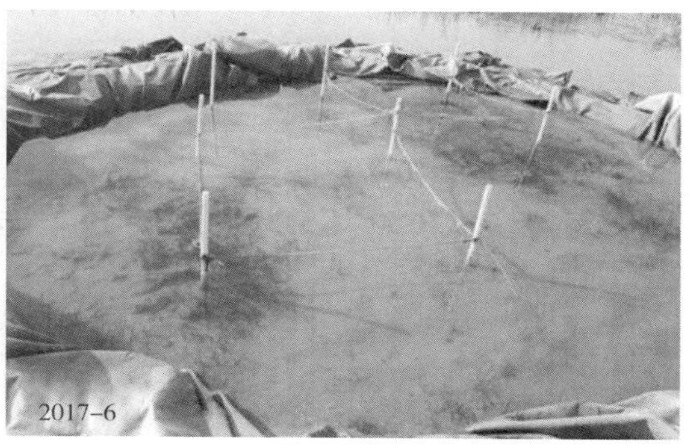

图 4-21　刈割 + 淹水控制互花米草效果的跟踪调查

(2) 野外原位试验——控制有性繁殖

为研究淹水对互花米草实生苗生长的影响，在2017年5月下旬布设淹水试验，设计两个淹水深度，分别为10cm和20cm，每个处理有4个重复。试验初始，米草实生苗株高5cm，7月上旬，所有小区的互花米草实生苗全部死亡。因此，刈割+淹水的综合措施，不但可以完全控制互花米草根茎的克隆繁殖，也可以同时杀死实生苗，从而完全清除互花米草（图4-22）。

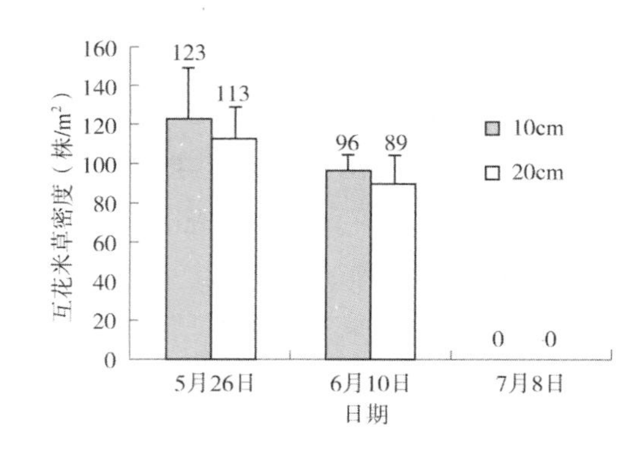

图4-22　淹水对互花米草实生苗的影响

(3) 小结

刈割+淹水可以同时有效抑制互花米草的有效繁殖和无性繁殖，推荐技术细节为：

① 6月初刈割，此时米草高度30～40cm，根茎的繁殖能力基本耗尽，新的根茎可能未长成；

②刈割后，保持淹水深度30cm左右。

3. 刈割+翻耕综合措施

(1) 试验设计

在生长季结束后，刈割地上植株，然后人工或机械翻耕土壤，破坏根系，可抑制第二年的幼苗萌发。2016年10月中旬，刈割互花米草地上植株，尝试使用微型旋耕机，由于土壤泥泞没有硬底层，不适宜用普通轮子的旋耕机，进行人工翻耕实验，先刈割米草，然后用铁锹挖土倒扣或侧扣在原地，米草根系留在土中（图4-23）。

图4-23　刈割后翻耕

(2) 试验结果

2017年5月份进行了2次调查，没有发现根茎繁殖的克隆苗，但有种子萌发的实生苗密度，且密度与对照处理相近（图4-24），这是因为旁边的互花米草种子可以随水漂过来。

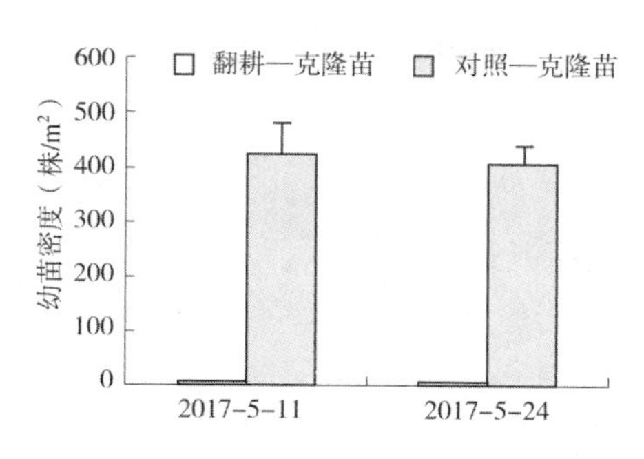

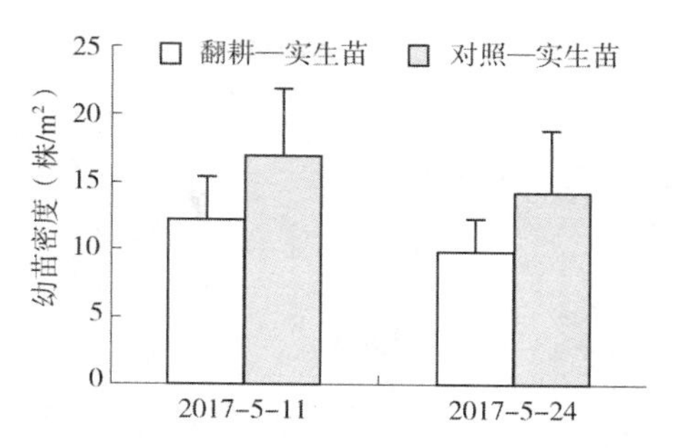

图 4-24　翻耕处理互花米草萌发情况

(3) 小结

生长季结束后，采取刈割 + 翻耕的综合措施，可以高效抑制第二年互花米草的无性繁殖，但是若想推广此方法，需要有可以适用于潮间带作业的履带式割草机和旋耕机。

（二）互花米草化学防治研究

1. 试验设计

2017 年，在黄河入海口北岸潮间带的互花米草区，喷施 10 种除草剂，每个农药小区 $50m^2$，7 月初和 8 月下旬各喷药一次，选用的 10 种除草剂如下：

（1）陶氏益农稻杰水稻除草剂——杀稗草五氟磺草胺（禾本科草）20mL；

（2）陶氏益农盖草能高效氟吡甲禾灵；

（3）芦飞高效氟吡甲禾灵芦苇禾本科杂草特效除草剂——盖草能 20mL；

（4）巴斯夫百垄通、甲咪唑烟酸 8mL、防除花生田一年生杂草香附子除草剂；

（5）小米谷子田专用除草剂——谷友单嘧磺隆谷草净（原谷草灵）140g；

（6）20% 草铵膦草铵磷草胺磷草胺膦除草剂——果园牛筋草杂草甘膦；

（7）神锄 50% 二氯喹啉酸除稗草水稻除草剂，水稻移栽田直播田不排水；

（8）草甘膦农药；

（9）青稗千金克 20% 氰氟草酯水稻直播田专用除草剂农药，专杀千金子稗草；

（10）赤霉素 GA-3。

2. 试验结果

喷洒农药后，跟踪监测米草存活情况，从 10 种农药种筛选出了 2 种可以高效杀死互花米草的除草剂，分别是高效氟吡甲禾灵和氰氟草酯（图 4-25）。

3. 小结

高效氟吡甲禾灵和氰氟草酯均可在一个月内杀死互花米草地上部分，在下一步工作中，需要监测潮汐对农药效果的影响，并对农药的环境影响进行监测、评估。同时，还需要对农药用量与浓度、喷药时间与次数进行深入研究。

图 4-25　农药灭除米草效果图

（三）黄河三角洲互花米草扩散格局和扩散速度监测

1. 试验设计

人工监测互花米草扩散，在互花米草分布区边缘插上 PVC 管（图 4-26），每个月定位监测互花米草扩散距离，在新的互花米草分布边缘插上新的 PVC 管。

图 4-26　互花米草扩散监测

2. 试验结果

2017 年 3 月下旬布设试验，截至 8 月下旬，通过根茎的克隆繁殖，互花米草斑块边缘向外扩张了 1.87m ± 0.11m（图 4-27），其扩张速度逐渐降低，但在 7 月后速度有所回升。

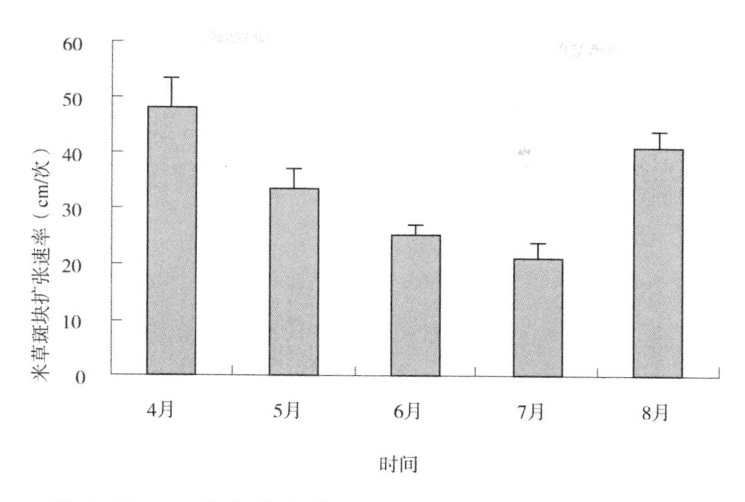

图 4-27　互花米草斑块通过根茎克隆繁殖的扩张速度

三、下一步工作重点

根据既定研究目标，结合已经取得的野外原位控制试验和室内培养试验的结果，拟定如下即将开展的研究工作重点。

（一）黄河三角洲互花米草的分布格局、扩展动态、驱动机制及趋势预测

1. 基于无人机航拍、卫星遥感和 GIS 技术的种群分布格局与扩展动态研究

基于无人机航拍、卫星遥感和 GIS 技术，利用黄河三角洲区域近 30 年的 Landsat 系列卫星的多光谱数据，结合现场实地调查结果，对遥感数据进行目视解译，提取互花米草分布信息。通过 GIS 数据可视化，在区域尺度上定量分析互花米草在黄河三角洲的空间分布格局和时空动态变化规律，反演其入侵及扩张过程。

2. 种群扩展的驱动机制（风暴潮、河流水沙通量、岸线变迁）

调查黄河三角洲滨海湿地互花米草的生长环境及分布特征，采集分析互花米草的生物学及生理学特性指标。从互花米草自身的入侵力和黄河三角洲滨海湿地生态系统的可入侵性两大方面分析互花米草与区域环境的相互作用，结合区域的社会环境变迁及风暴潮、河流水沙通量、岸线变迁等因素探讨其入侵机制。

3. 预测分析（模型模拟）

通过调查，获取黄河三角洲滨海湿地互花米草分布区的环境特点，分析互花米草生长环境的土壤、植被、地形、地貌、水文等背景信息数据，确定互花米草分布的生态阈值。根据互花米草分布的生态阈值采用最大熵潜在分布模型（Maxent Model），模拟其在黄河三角洲的潜在适宜分布区域，并结合互花米草的空间分布格局及扩张过程，利用改进的 Markov 模型模拟其演变趋势。

（二）互花米草防治示范与成本核算

根据已开展的野外原位控制试验和室内培养试验，结合前人在其他海岸带区域开展的互花米草研究结果，以刈割 + 淹水综合防治和农药防治为核心技术，建立互花米草防治示范区，并进一步探索成本最低、控制效果好且可行性高的防治方案。

1. 刈割 + 淹水综合防治示范区

（1）示范区建设

根据小区实验研究，确定刈割 + 淹水综合防治技术的最优组合方案及其实施细节，建立互花米草防治示范区，示范区面积为 $10000m^2$，跟踪监测控制效果。每两个月监测一次，株高、密度、地上生物量及地下生物量等，测定土壤含水量、pH、氧化还原电位和土壤电导率。

（2）经济成本核算

刈割 + 淹水综合防治技术的工程实施分为刈割米草和建筑堤坝两部分，经济成本主要包括三部分：材料费、机械费和人工费。不同筑堤方案所用材料不同，材料费主要包括 PVC 管、密封条、加固件或帆布等。所需机械主要为履带式割草机和履带式挖土机，小型机械可直接购买，大型机械可以租赁使用。人工费主要为刈割和筑堤时的人力投入。基于示范区建设，计算出各项成本单价，根据黄河三角洲互花米草分布情况，计算全部治理所需费用（表 4-1）。

表 4-1　刈割 + 淹水综合防治互花米草成本核算表

项目	明细	单价	总价
材料费	1）PVC 管、密封条、加固件等； 或 2）帆布等	元 /m； 元 /m^2	按互花米草分布区的海岸线长度计算
机械费	履带式割草机、履带式挖掘机、运输车辆等	元 /m； 元 /m^2	按工程量或机械数量
人工费	割草、挖土、打桩、帆布等	元 /m； 元 /m^2	割草总价按互花米草分布面积计算，其他按互花米草分布区的海岸线长度计算

2. 农药防治示范区

（1）示范区建设

根据小区实验研究，确定农药防治技术的最优方案及其实施细节，建立互花米草防治示范区，示范区面积为 $10000m^2$，跟踪监测控制效果。每两个月监测一次，株高、密度、地上生物量及地下生物量等，测定土壤含水量、pH、氧化还原电位和土壤电导率。

（2）经济成本核算

农药防治技术的工程实施为喷洒农药，可以通过人工或无人机喷洒，经济成本主要包括三部分：材料费、机械费和人工费。材料费为农药购买费用，机械费主要为无人机租赁费。基于示范区建设，计算出各项成本单价，根据黄河三角洲互花米草分布情况，计算全部治理所需费用（表 4-2）。

表 4-2 农药防治互花米草成本核算表

项目	明细	单价	总价
材料费	农药、喷雾器等	元 /m^2	按互花米草分布面积计算
机械费	无人机租赁等	元 /m^2	按工程量或机械数量
人工费	喷药等	元 /m^2	按互花米草分布面积计算

（三）互花米草入侵的生态风险评价及管理对策

1. 黄河三角洲互花米草的生态风险评价

从黄河三角洲滨海湿地自然环境、生态系统特点、干扰因素等方面筛选评价因子，构建互花米草入侵的生态风险评估指标体系，实现黄河三角洲互花米草入侵定量化风险评估。

2. 黄河三角洲互花米草分区管理对策

基于 GIS 平台，进行黄河三角洲互花米草生态风险防控分区，确定分区防控目标、生态监测重点，提出生态风险分区防控对策和防控工程建议。

图 2-28　对湿地（陆域）水体初级生产力进行系统调查情况

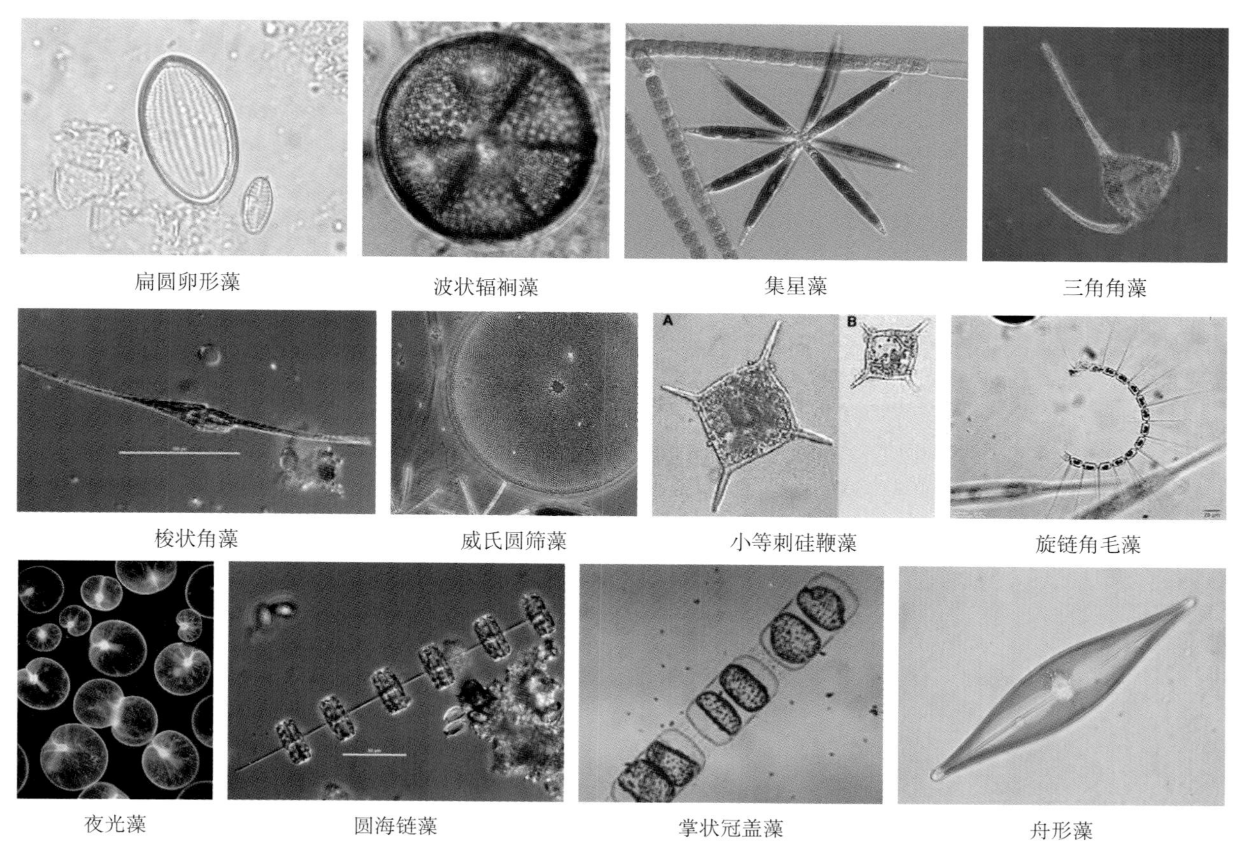

图 3-26　浮游植物部分照片

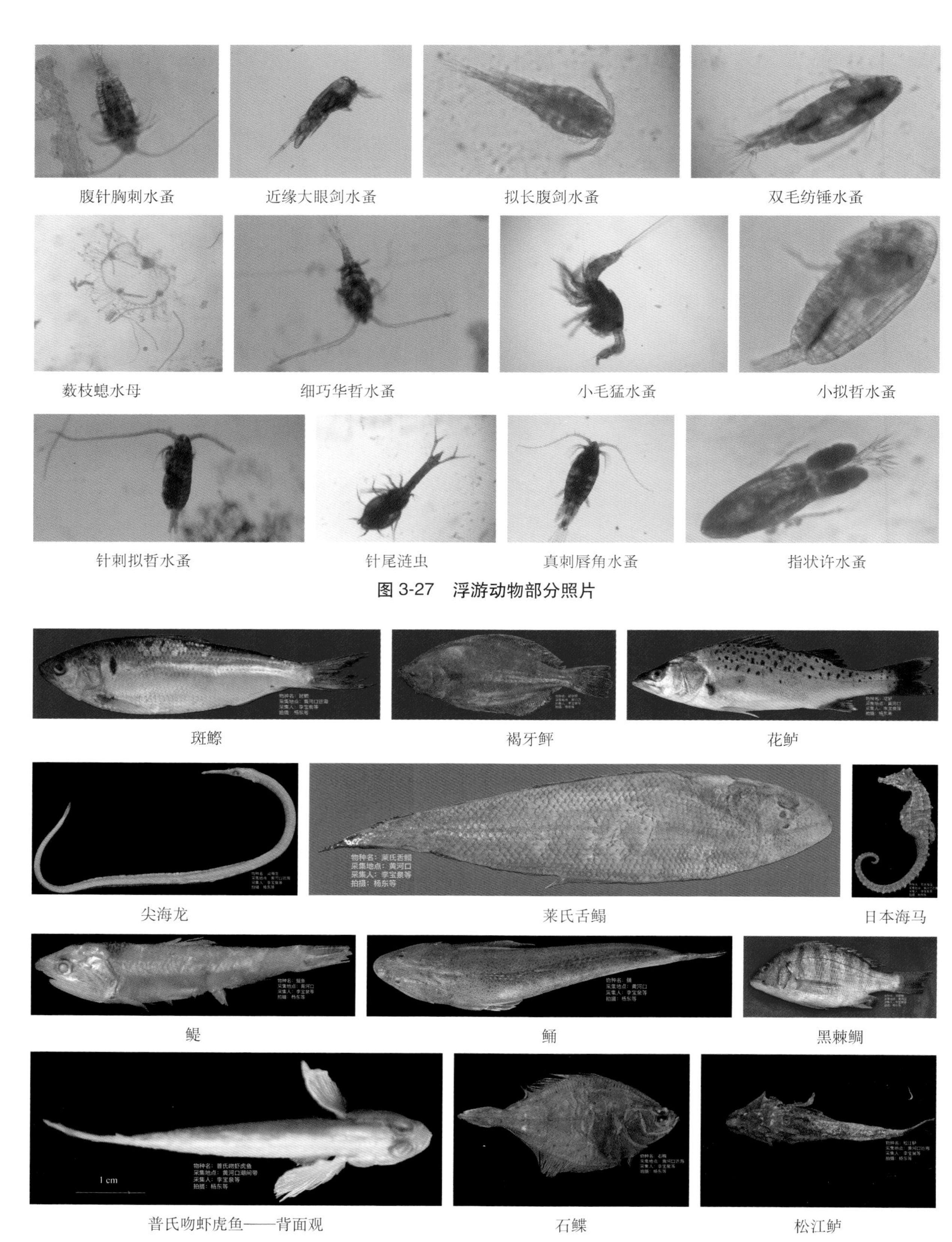

图 3-27 浮游动物部分照片

图 3-28 近海鱼类部分照片

图 3-33 自然保护区两栖动物

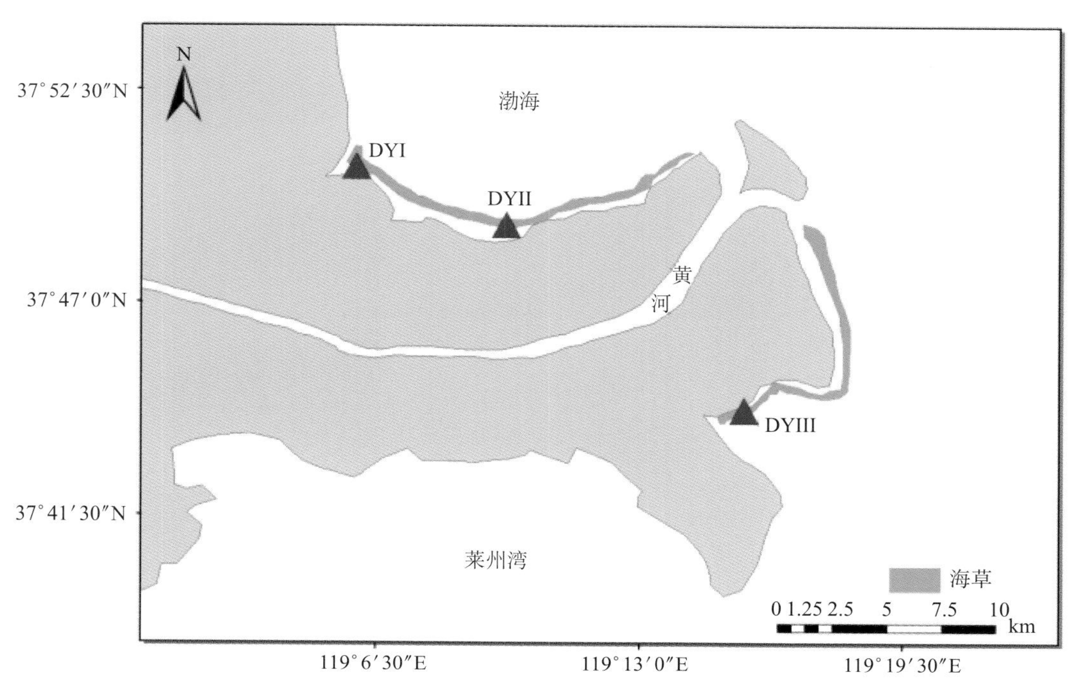

图 4-1 自然保护区日本鳗草分布及调查站位示意图
（绿色区域代表海草床，红三角代表3 个调查站位DYⅠ、DYⅡ和DYⅢ）

图 4-8　采集互花米草根系

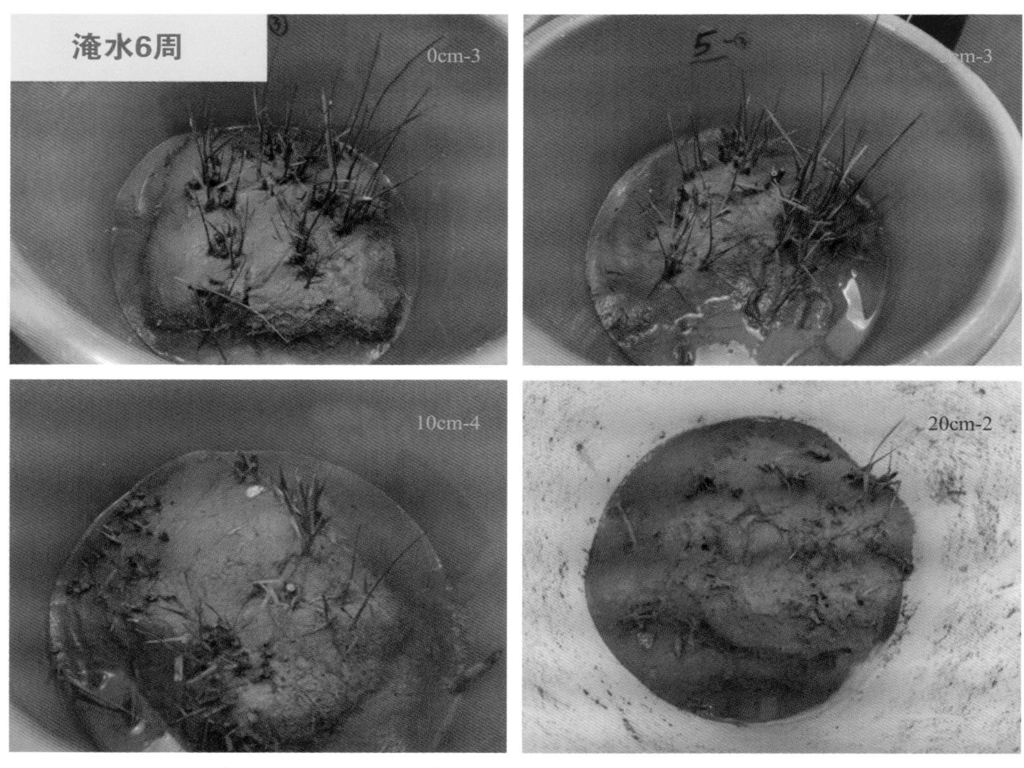

图 4-9　首次刈割后（实验开始第 6 周）不同淹水处理互花米草萌发和生长情况

图 4-10 首次刈割后（实验开始第 13 周）不同淹水处理互花米草萌发和生长情况

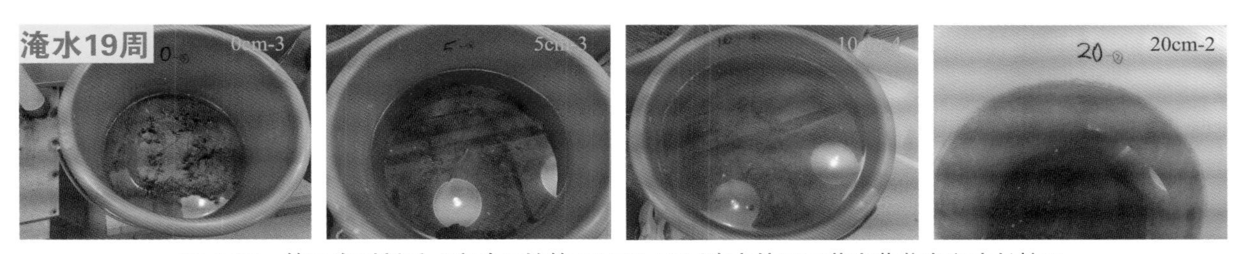

图 4-12 第二次刈割后（实验开始第 19 周）不同淹水处理互花米草萌发和生长情况

图 4-14 持续淹水 18 周后的互花米草根系

图 4-15　互花米草野外防治实验区

图 4-16　互花米草扩张迅速（同一地点拍摄）

图 4-17　2016 年布设野外防治试验

图 4-18　野外控制试验小区维护

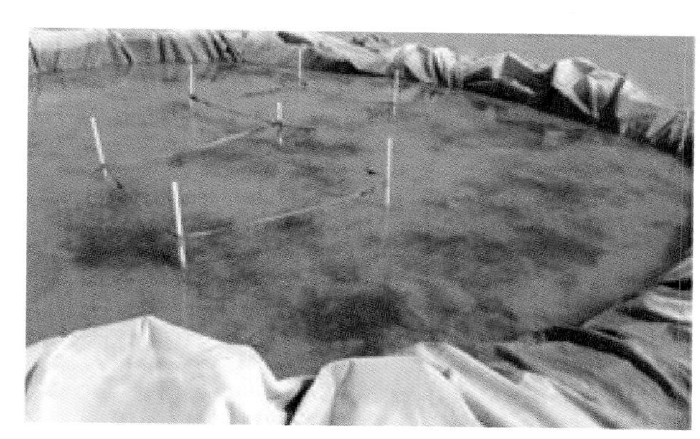

图 4-21　刈割 + 淹水控制互花米草效果的跟踪调查

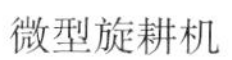

微型旋耕机

人工翻耕，根系留在原地

图 4-23　刈割后翻耕

氰氟草酯

高效氟吡甲禾灵

图 4-25　农药灭除米草效果图

图 4-26　互花米草扩散监测